职业教育
数字媒体应用人才培养系列教材

Cinema 4D

实例教程 微课版

李彩玲 姜锐／主编　苏健光 文丹 张慧／副主编

人民邮电出版社

北　京

图书在版编目（ＣＩＰ）数据

Cinema 4D实例教程：微课版 / 李彩玲，姜锐主编
. —— 北京：人民邮电出版社，2022.12
职业教育数字媒体应用人才培养系列教材
ISBN 978-7-115-59735-9

Ⅰ．①C… Ⅱ．①李… ②姜… Ⅲ．①三维动画软件—
职业教育—教材 Ⅳ．①TP391.414

中国版本图书馆CIP数据核字（2022）第125686号

内 容 提 要

本书全面、系统地介绍 Cinema 4D 的基本操作方法和核心功能，具体包括初识 Cinema 4D、Cinema 4D S24 基础知识、Cinema 4D 建模技术、Cinema 4D 灯光技术、Cinema 4D 材质技术、Cinema 4D 毛发技术、Cinema 4D 渲染技术、Cinema 4D 运动图形、Cinema 4D 动力学技术、Cinema 4D 粒子技术、Cinema 4D 动画技术和 Cinema 4D 综合设计实训等内容。

本书第 1～2 章介绍 Cinema 4D 的基础知识；第 3～11 章以课堂案例为主线，介绍 Cinema 4D 的主要功能，每个案例都有详细的操作步骤，帮助学生掌握软件功能和操作技巧；第 12 章是综合设计实训，通过多个应用领域的真实案例讲解，帮助学生掌握商业设计的步骤，顺利达到实战水平。

本书可作为高等职业院校数字媒体类专业相关课程的教材，也可作为 Cinema 4D 初学者的参考书。

◆ 主　　编　李彩玲　姜　锐
　　副 主 编　苏健光　文　丹　张　慧
　　责任编辑　王亚娜
　　责任印制　王　郁　焦志炜
◆ 人民邮电出版社出版发行　　北京市丰台区成寿寺路 11 号
　　邮编　100164　　电子邮件　315@ptpress.com.cn
　　网址　https://www.ptpress.com.cn
　　保定市中画美凯印刷有限公司印刷
◆ 开本：787×1092　1/16
　　印张：19.25　　　　　　　2022 年 12 月第 1 版
　　字数：490 千字　　　　　2025 年 1 月河北第 4 次印刷

定价：69.80 元

读者服务热线：(010)81055256　印装质量热线：(010)81055316
反盗版热线：(010)81055315
广告经营许可证：京东市监广登字 20170147 号

Cinema 4D 是德国 Maxon Computer 公司开发的一款可用于建模、动画制作、模拟及渲染的专业软件。它功能强大、高效灵活，深受 3D 建模渲染爱好者和 3D 设计人员的喜爱。目前，我国很多高等职业院校的数字媒体类专业都将 Cinema 4D 作为一门重要的专业课程。为了帮助教师全面、系统地讲授这门课程，帮助学生熟练地使用 Cinema 4D 进行创意设计，我们组织了几位长期从事 Cinema 4D 教学工作的教师共同编写了本书。

本书全面贯彻党的二十大精神，以社会主义核心价值观为引领，传承中华优秀传统文化，坚定文化自信，使内容更好体现时代性、把握规律性、富于创造性。

本书重点内容按照"课堂案例—软件功能解析—课堂练习—课后习题"的思路进行编排，通过课堂案例，读者可以快速熟悉软件的基本操作，了解设计思路；通过软件功能解析，读者可以深入学习软件功能并了解制作技巧；通过课堂练习和课后习题，读者可以提高实际应用能力。在内容选取方面，本书力求细致全面、重点突出；在文字叙述方面，本书强调言简意赅、通俗易懂；在案例设计方面，本书强调创新性和实用性。

本书提供书中所有案例的素材及效果文件。另外，为方便教师教学，本书还配备了微课视频、教学大纲、电子教案、PPT 课件等丰富的辅助教学资源，任课教师可到人邮教育社区（www.ryjiaoyu.com）免费下载。本书的参考学时为 66 学时，其中实训环节为 36 学时，各章的参考学时参见下页的学时分配表。

前　言

学时分配表

章	课程内容	学时分配	
		讲授	实训
第 1 章	初识 Cinema 4D	1	—
第 2 章	Cinema 4D S24 基础知识	3	—
第 3 章	Cinema 4D 建模技术	6	8
第 4 章	Cinema 4D 灯光技术	2	2
第 5 章	Cinema 4D 材质技术	2	4
第 6 章	Cinema 4D 毛发技术	2	2
第 7 章	Cinema 4D 渲染技术	2	2
第 8 章	Cinema 4D 运动图形	2	4
第 9 章	Cinema 4D 动力学技术	2	4
第 10 章	Cinema 4D 粒子技术	2	2
第 11 章	Cinema 4D 动画技术	2	4
第 12 章	Cinema 4D 综合设计实训	4	4
学 时 总 计		30	36

　　本书由李彩玲、姜锐任主编，苏健光、文丹、张慧任副主编，参与本书编写的还有吴梦婷。由于编者水平有限，书中难免存在不足之处，敬请广大读者批评指正。

编者
2022 年 12 月

辅助教学资源

素材类型	数量	素材类型	数量
教学大纲	1 套	课堂案例	28 个
电子教案	1 份	课堂练习	11 个
PPT 课件	12 个	微课视频	139 个

微课视频列表

章	视频微课	章	视频微课
第 3 章 Cinema 4D 建模技术	制作礼物盒模型	第 8 章 Cinema 4D 运动图形	制作标题动画
	制作场景模型		制作地面动画
	制作饮料瓶模型		制作文字动画
	制作沙发模型	第 9 章 Cinema 4D 动力学技术	制作小球弹跳动画
	制作纽带模型		制作抱枕膨胀动画
	制作耳机模型		制作小球坠落动画
	制作小熊模型		制作窗帘飘动动画
	制作面霜模型	第 10 章 Cinema 4D 粒子技术	制作线条流动动画
	制作主图场景模型		制作气球飞起动画
	制作甜甜圈模型		制作花瓣掉落动画
第 4 章 Cinema 4D 灯光技术	运用三点布光法照亮场景	第 11 章 Cinema 4D 动画技术	制作小球环绕动画
	运用两点布光法照亮耳机		制作云彩飘移动画
	运用三点布光法照亮 室内环境		制作泡泡形变动画
	运用两点布光法照亮吹风机		制作蚂蚁搬运动画
第 5 章 Cinema 4D 材质技术	制作耳机的金属材质		制作饮料瓶运动模糊效果
	制作花盆的大理石材质		制作卡通闭眼动画
	制作饮料瓶的玻璃材质		制作美食动画
	制作吹风机的陶瓷材质	第 12 章 Cinema 4D 综合设计实训	制作文化传媒海报
	制作沙发的绒布材质		制作家电类 Banner
第 6 章 Cinema 4D 毛发技术	制作人物的头发		制作销售详情页
	添加人物头发的材质		制作闪屏页
	制作牙刷刷头		制作旅游出行引导页
	制作绿植绒球		制作室内环境效果图
第 7 章 Cinema 4D 渲染技术	制作耳机环境		制作室外环境效果图
	进行耳机渲染		制作游戏操作页面
	进行饮料瓶渲染		制作家居装修海报
	进行吹风机渲染		制作电商主图动画
第 8 章 Cinema 4D 运动图形	制作背景装饰		制作电子产品海报
	制作背景动画		制作 UI 活动页动画

目录

C O N T E N T S

CONTENTS

目 录

CONTENTS

目 录

1. 创建模型

运用 Cinema 4D 进行项目制作时，要先建立模型。在 Cinema 4D 中，可以通过参数化对象、生成器及变形器进行基础建模，还可以通过多边形建模、体积建模及雕刻建模创建复杂模型。

2. 创建摄像机

在 Cinema 4D 中创建模型后，还需要创建摄像机，从所需的角度"拍摄"模型，以便渲染出合适的效果图。此外，Cinema 4D 中的摄像机也可以用于制作一些基础动画。

3. 设置灯光

Cinema 4D 拥有强大的"照明"系统，内置丰富的灯光和阴影效果。调整 Cinema 4D 中灯光和阴影的属性，能够为模型制作出真实的照明效果，满足众多复杂场景的渲染需求。

4. 赋予材质

设置灯光后，需要为模型赋予材质。在 Cinema 4D 的"材质"面板中创建材质球后，在"材质编辑器"对话框中选择相关通道即可对材质球进行调节，为模型赋予不同的材质。

5. 制作动画

不需要进行动画制作的项目可以直接渲染输出，需要制作动画的项目则可以运用 Cinema 4D 为设置好材质的模型制作动画效果。在 Cinema 4D 中，既可以制作基础动画，也可以制作高级的角色动画。

6. 渲染输出

所有操作都完成后，需要将制作完成的项目在 Cinema 4D 中进行渲染输出，以查看最终的效果。在渲染输出之前，还可以根据渲染要求添加地板、天空等环境效果。

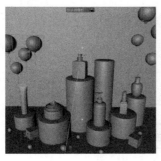

（a）创建模型　　　　　　　　（b）创建摄像机　　　　　　　　（c）设置灯光

（d）赋予材质　　　　　　　　（e）制作动画　　　　　　　　（f）渲染输出

图1-3

02

第 2 章
Cinema 4D S24 基础知识

本章介绍

　　想要快速上手 Cinema 4D，必须熟练掌握 Cinema 4D 的基础工具和基本操作。本章将对 Cinema 4D S24 的工作界面及文件操作进行系统讲解。通过本章的学习，读者可以掌握 Cinema 4D S24 的基本操作，为之后的深入学习打下坚实的基础。

学习目标

知识目标	能力目标	素质目标
1. 了解 Cinema 4D S24 的工作界面 2. 熟悉 Cinema 4D S24 的文件操作	1. 掌握在 Cinema 4D S24 中新建文件的方法 2. 掌握在 Cinema 4D S24 中打开文件的方法 3. 掌握在 Cinema 4D S24 中合并文件的方法 4. 掌握在 Cinema 4D S24 中保存文件的方法 5. 掌握在 Cinema 4D S24 中保存工程文件的方法 6. 掌握在 Cinema 4D S24 中导出文件的方法	1. 提高计算机操作速度 2. 培养理论联系实际的能力

2.1 Cinema 4D S24 的工作界面

Cinema 4D S24 的工作界面分为 10 个部分，分别是标题栏、菜单栏、工具栏、模式工具栏、视图窗口、“对象”面板、“属性”面板、“时间线”面板、“材质”面板、“坐标”面板，如图 2-1 所示。

标题栏
菜单栏
工具栏
模式工具栏
视图窗口
“时间线”面板
“材质”面板
“对象”面板
“属性”面板
“坐标”面板

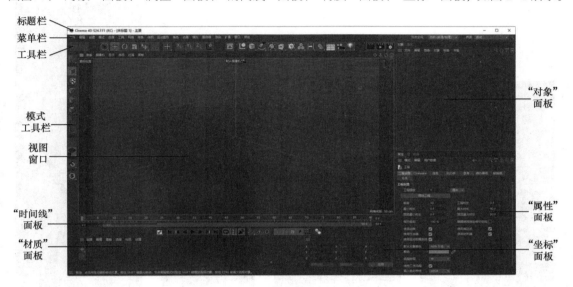

图 2-1

2.1.1 标题栏

标题栏位于工作界面的顶端，其中显示了软件的版本信息和当前工程项目的名称等，如图 2-2 所示。

Cinema 4D S24.111 (RC) - [未标题 1 *] - 主要

图 2-2

2.1.2 菜单栏

菜单栏位于标题栏下方，如图 2-3 所示，其中包含 Cinema 4D S24 的大部分工具和命令。下面介绍常用的一些菜单。

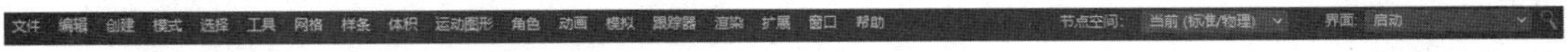

文件 编辑 创建 模式 选择 工具 网格 样条 体积 运动图形 角色 动画 模拟 跟踪器 渲染 扩展 窗口 帮助
节点空间: 当前 (标准/物理)
界面: 启动

图 2-3

1. 文件

使用“文件”菜单可以对场景中的文件进行新建、打开、保存、关闭等操作。该菜单如图 2-4 所示。

2. 编辑

使用“编辑”菜单可以对场景或对象进行一些基本操作。该菜单如图 2-5 所示。

3. 创建

使用"创建"菜单可以创建 Cinema 4D S24 中的大部分对象。该菜单如图 2-6 所示。

4. 选择

使用"选择"菜单可以调整选择对象的方式和方法。该菜单如图 2-7 所示。

图 2-4

图 2-5

图 2-6

图 2-7

5. 工具

"工具"菜单提供了场景制作中需要用到的辅助工具，如图 2-8 所示。

6. 网格

"网格"菜单提供了面向可编辑对象的各种编辑命令，如图 2-9 所示。

7. 体积

使用"体积"菜单可以为对象增加体积效果，以便进行更复杂的模型制作。该菜单如图 2-10 所示。

8. 运动图形

使用"运动图形"菜单可以实现多种组合模型的效果，大大方便了建模操作。该菜单如图 2-11 所示。

9. 模拟

"模拟"菜单提供了制作动力学、粒子和毛发对象等的工具，如图 2-12 所示。

10. 渲染

"渲染"菜单提供了渲染场景和对象所需要的工具，如图 2-13 所示。

11. 窗口

使用"窗口"菜单不仅可以打开多个命令窗口，还可以在打开的多个命令窗口间自由切换。该菜单如图 2-14 所示。

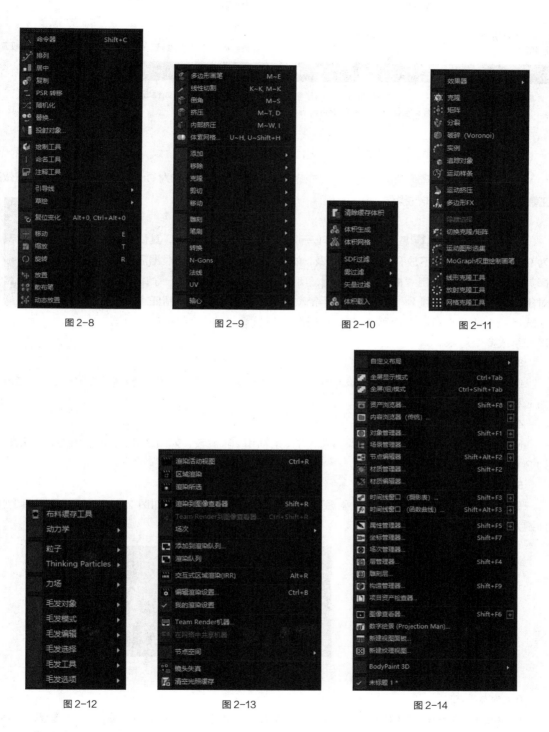

图 2-8　　　　　　图 2-9　　　　　　图 2-10　　　　　　图 2-11

图 2-12　　　　　　图 2-13　　　　　　图 2-14

2.1.3　工具栏

工具栏位于菜单栏下方，它将 Cinema 4D S24 菜单栏中使用频率较高的工具和命令进行了组合，便于用户使用，如图 2-15 所示。下面对常用的部分菜单进行介绍。

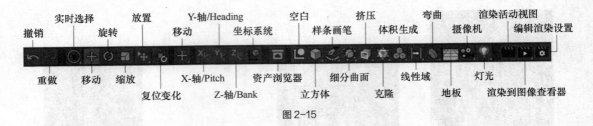

图 2-15

1. 撤销与重做

使用"撤销"工具 ![] 可以撤销前一步的操作，该工具的快捷方式为 Ctrl+Z 组合键。使用"重做"工具 ![] 可以重做前一步的操作。

2. 实时选择

"实时选择"工具 ![] 是选择工具中的一种，用于选择单个对象，其快捷键为 9 键。长按该工具不放，弹出下拉列表，如图 2-16 所示，可以根据需要选择其他选择工具。使用"框选"工具 ![]，可以绘制矩形框以选择一个或多个对象，该工具的快捷键为 0；使用"套索选择"工具 ![]，可以绘制任意形状以选择一个或多个对象；使用"多边形选择"工具 ![]，可以绘制多边形以选择一个或多个对象。

图 2-16

3. 移动

使用"移动"工具 ![] 可以使对象沿着 x 轴、y 轴和 z 轴移动，如图 2-17 所示。该工具的快捷键为 E 键。

4. 旋转

使用"旋转"工具 ![] 可以使对象沿着 x 轴、y 轴和 z 轴旋转，如图 2-18 所示。该工具的快捷键为 R 键。

5. 缩放

使用"缩放"工具 ![] 可以使对象沿着 x 轴、y 轴和 z 轴缩放，如图 2-19 所示。该工具的快捷键为 T 键。

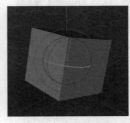

图 2-17 　　　　　　　　图 2-18 　　　　　　　　图 2-19

6. 坐标系统

Cinema 4D 中提供了两种坐标系统，默认使用的是"对象"坐标系统 ![]。此坐标系统按照对象自身的坐标轴进行显示，如图 2-20 所示。除此之外，还有一种"全局"坐标系统 ![]。使用此坐标系统，无论对象旋转为何角度，坐标轴都会与视图左下角的世界坐标保持一致，如图 2-21 所示。

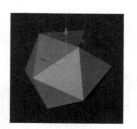

图 2-20   图 2-21

2.1.4　模式工具栏

模式工具栏位于工作界面左侧。与工具栏的作用相同，模式工具栏中提供了一些常用命令和工具的快捷方式，如图 2-22 所示。下面介绍常用的一些工具。

1．转为可编辑对象

使用"转为可编辑对象"工具 ，可以将参数化对象转换为可编辑对象，该工具的快捷键为 C 键。转换完成后，可以对对象的点、线和面分别进行编辑。

2．模型

当可编辑对象处于"点"模式、"边"模式或"多边形"模式时，使用"模型"工具 可以将选中的对象切换为模型状态。

3．纹理

在"纹理"工具 的下拉列表中可以选择"移动"工具、"缩放"工具、"旋转"工具等调整可编辑对象上的贴图纹理。

4．点

使用"点"工具 可以以"点"模式编辑对象，如图 2-23 所示。在"点"模式中，可以对构成对象的点进行编辑。

5．边

使用"边"工具 可以以"边"模式编辑对象，如图 2-24 所示。在"边"模式中，可以对构成对象的边进行编辑。

6．多边形

使用"多边形"工具 可以以"面"模式编辑对象，如图 2-25 所示。在"多边形"模式中，可以对构成对象的面进行编辑。

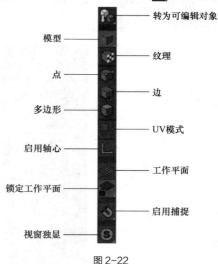

模型 —— 转为可编辑对象
—— 纹理
点 —— 边
多边形 —— UV模式
启用轴心 —— 工作平面
锁定工作平面 —— 启用捕捉
视窗独显 —— 图 2-22

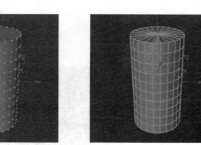

图 2-23   图 2-24   图 2-25

7. 启用轴心

使用"启用轴心"工具 L 可以修改对象的轴心位置；再次单击此工具，可以退出该模式，如图 2-26 所示。

图 2-26

8. 启用捕捉

使用"启用捕捉"工具 可以开启捕捉模式，长按该工具会弹出下拉列表，可以根据需要选择捕捉的各种模式，如图 2-27 所示。

9. 视窗独显

使用"视窗独显"工具 S 可以单独显示选中的对象。再次单击此工具，即可关闭视窗独显。长按"视窗独显"工具 S 会弹出下拉列表，如图 2-28 所示，可以根据需要进行选择。

图 2-27

图 2-28

2.1.5 视图窗口

视图窗口位于工作界面正中央，用于编辑与观察模型。系统默认显示透视视图，如图 2-29 所示。

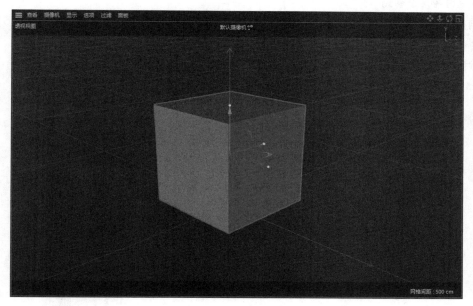

图 2-29

1. 视图的控制

按住 Alt 键和鼠标左键并拖曳即可旋转视图；按住 Alt 键和鼠标中键并拖曳即可移动视图；按住 Alt 键和鼠标右键并拖曳即可缩放视图（也可以滚动鼠标中键以缩放视图）。单击鼠标中键可以从默认的透视视图切换为四视图，如图 2-30 所示。若需放大某个视图，在该视图上方单击鼠标中键即可。

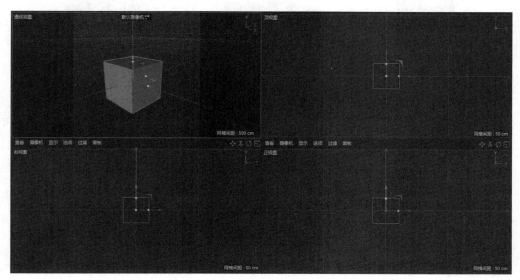

图 2-30

2．视图的切换

使用"摄像机"菜单（见图 2-31）可以对视图进行不同方位的切换。

3．视图的显示模式

使用"显示"菜单（见图 2-32）可以切换不同的对象显示方式。

4．视图显示元素

使用"过滤"菜单（见图 2-33）可以选择在视图中显示的元素。

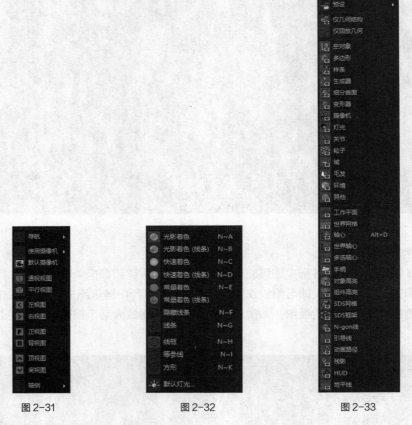

图 2-31　　　　　　　　图 2-32　　　　　　　　图 2-33

2.1.6　"对象"面板

"对象"面板位于工作界面右上方，用于显示所有的对象及对象之间的层级关系，如图 2-34 所示。

图 2-34

2.1.7　"属性"面板

"属性"面板位于工作界面右下方，用于调节所有对象、工具和命令的属性，如图 2-35 所示。

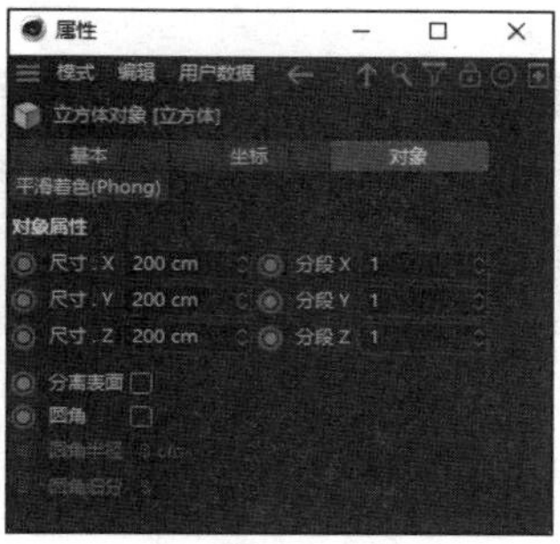

图 2-35

2.1.8 “时间线”面板

“时间线”面板位于视图窗口下方，用于调节动画效果，如图 2-36 所示。

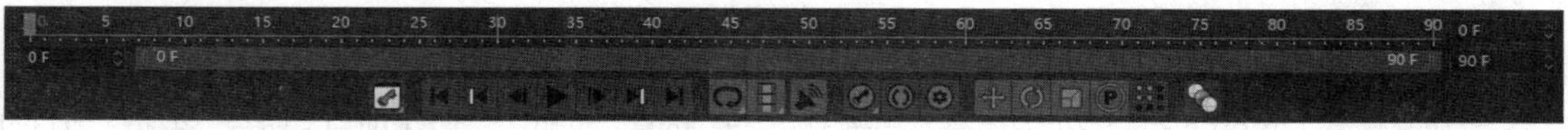

图 2-36

2.1.9 “材质”面板

“材质”面板位于工作界面底部的左侧，用于管理场景中的材质，如图 2-37 所示。双击“材质”面板的空白区域，可以创建材质球，双击材质球，系统将弹出“材质编辑器”对话框，在该对话框中可以调节材质的属性，如图 2-38 所示。

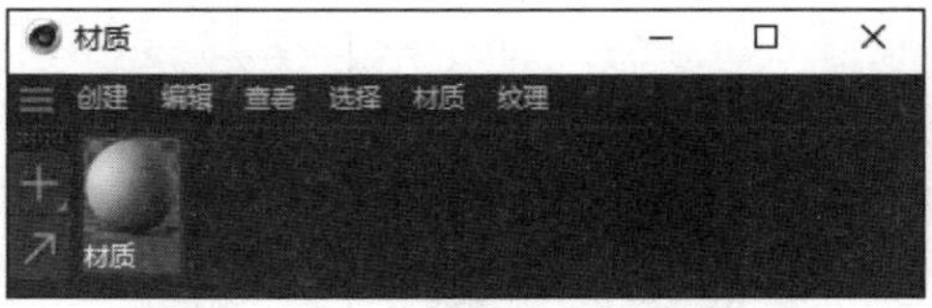

图 2-37

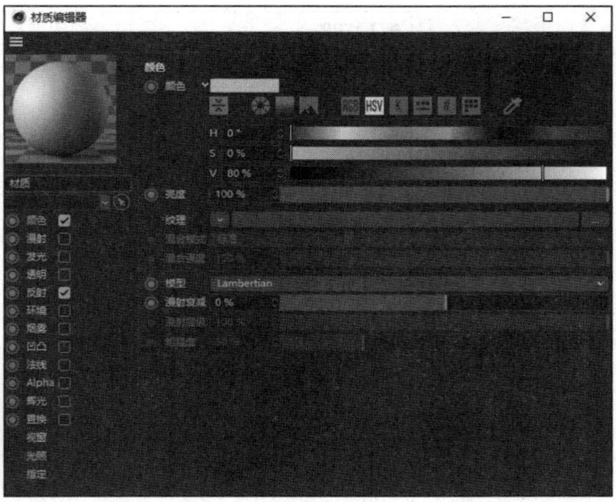

图 2-38

2.1.10 “坐标”面板

“坐标”面板位于“材质”面板的右侧，用于调节所有模型在三维空间中的坐标、尺寸和旋转角度等属性，如图 2-39 所示。

图 2-39

Cinema 4D S24 的文件操作

在 Cinema 4D S24 中，常用的文件操作命令基本集中于"文件"菜单中，下面具体介绍几种常用的文件操作。

2.2.1 新建文件

新建文件是 Cinema 4D S24 中最基本的操作之一。选择"文件 > 新建项目"命令，或按 Ctrl+N 组合键，即可新建文件，默认文件名为"未标题 1"。

2.2.2 打开文件

选择"文件 > 打开项目"命令或按 Ctrl+O 组合键，在弹出的"打开文件"对话框中选择文件，确认文件类型和名称，如图 2-40 所示，单击"打开"按钮，或直接双击文件，即可打开选择的文件。

图 2-40

2.2.3 合并文件

Cinema 4D S24 的工作界面中只能显示单个文件，因此当同时打开多个文件时，若需浏览其他文件，则需要在"窗口"菜单的底端进行切换，如图 2-41 所示。

选择"文件 > 合并项目"命令或按 Ctrl+Shift+O 组合键，在弹出的"打开文件"对话框中选择需要合并的文件，单击"打开"按钮，即可将所选文件合并到当前的场景中，如图 2-42 所示。

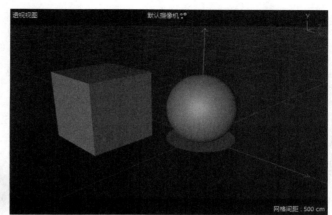

图 2-41   图 2-42

2.2.4　保存文件

文件编辑完成后，需要保存文件，以便下次打开该文件继续操作。

选择"文件 > 保存项目"命令或按 Ctrl+S 组合键，可以保存文件。当编辑完成的文件进行第一次保存时，系统会弹出"保存文件"对话框，如图 2-43 所示，单击"保存"按钮，即可保存文件。当对已经保存过的文件进行编辑操作后，选择"文件 > 保存项目"命令，系统将不弹出"保存文件"对话框，而是直接保存最终结果并覆盖原文件。

图 2-43

2.2.5　保存工程文件

包含贴图素材的文件编辑完成后，需要保存工程文件，避免贴图素材丢失。

选择"文件 > 保存工程（包含资源）"命令，可以将文件保存为工程文件，这时文件中用到的贴图素材就会被保存到工程文件夹中，如图 2-44 所示。

2.2.6　导出文件

Cinema 4D S24 可以将文件导出为.3ds、.xml、.dxf、.obj 等多种格式，以便与其他软件配合使用。

选择"文件 > 导出"命令，在弹出的子菜单中选择需要的文件格式，如图 2-45 所示，即可将文件以指定的格式导出。

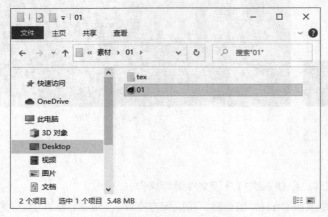

图 2-44

图 2-45

03

第 3 章
Cinema 4D 建模技术

本章介绍

  Cinema 4D 中的建模即在视图窗口中创建三维模型。三维建模是三维设计的第一步，Cinema 4D 中的所有效果都是在建模的基础上来表现的。本章将对 Cinema 4D 的参数化对象建模、生成器建模、变形器建模、多边形建模、体积建模及雕刻建模等建模技术进行系统讲解。通过本章的学习，读者可以对 Cinema 4D 中的建模技术有一个全面的认识，并能掌握常用模型的制作方法与技巧。

学习目标

知识目标	能力目标	素质目标
1. 掌握参数化对象建模的常用工具	1. 掌握参数化对象建模的方法	
2. 掌握生成器建模的常用工具	2. 掌握生成器建模的方法	
3. 掌握变形器建模的常用工具	3. 掌握变形器建模的方法	培养严谨、踏实的工作作风
4. 掌握多边形建模的常用工具	4. 掌握多边形建模的方法	
5. 掌握体积建模的常用工具	5. 掌握体积建模的方法	
6. 掌握雕刻建模的常用工具	6. 掌握雕刻建模的方法	

3.1　参数化对象建模

在 Cinema 4D S24 中进行参数化对象建模时，可以随时调整场景和对象，使建模过程变得灵活可控。此外，Cinema 4D S24 提供了大量参数化工具，以便用户进行参数化建模。

3.1.1　课堂案例——制作礼物盒模型

【案例学习目标】使用参数化工具制作礼物盒模型。

【案例知识要点】使用"立方体"工具 制作礼物盒，使用"矩形"工具、"样条画笔"工具和"扫描"工具制作丝带。最终效果如图 3-1 所示。

【效果所在位置】云盘\Ch03\制作礼物盒模型\工程文件.c4d。

制作礼物盒模型

（1）启动 Cinema 4D S24。单击"编辑渲染设置"按钮 ⚙，弹出"渲染设置"对话框。在"输出"选项组中设置"宽度"为 800 像素、"高度"为 800 像素，单击"关闭"按钮，关闭对话框。

图 3-1

（2）选择"立方体"工具 ⬛，在"对象"面板中生成一个立方体对象。在"属性"面板的"对象"选项卡中设置"尺寸.X"为 28cm，"尺寸.Y"为 28cm，"尺寸.Z"为 28cm，如图 3-2 所示。

（3）选择"立方体"工具 ⬛，在"对象"面板中生成一个"立方体.1"对象。在"属性"面板的"对象"选项卡中设置"尺寸.X"为 30cm，"尺寸.Y"为 6cm，"尺寸.Z"为 30cm，如图 3-3 所示。

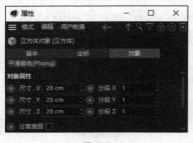

图 3-2

图 3-3

（4）在"坐标"面板的"位置"选项组中设置"对象(相对)"为"世界坐标"、"X"为 0cm，"Y"为 12cm，"Z"为 0cm，如图 3-4 所示。视图窗口中的效果如图 3-5 所示。

图 3-4

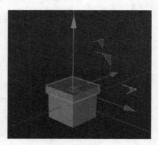

图 3-5

（5）选择"矩形"工具■，在"对象"面板中生成一个矩形对象。在"属性"面板的"对象"选项卡中设置"宽度"为 30cm、"高度"为 31cm，如图 3-6 所示。在"对象"面板（见图 3-7）中，用鼠标右键单击矩形对象，在弹出的快捷菜单中选择"转为可编辑对象"命令，将其转为可编辑对象。

图 3-6

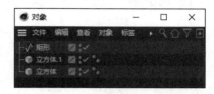

图 3-7

（6）选择"点"工具■，切换为"点"模式。选择"移动"工具■，按住 Shift 键选中需要的节点，如图 3-8 所示。在"坐标"面板的"位置"选项组中设置"X"为 0cm，"Y"为 -14.3cm，"Z"为 0cm；在"尺寸"选项组中设置"X"为 29cm，"Y"为 0cm，"Z"为 0cm，如图 3-9 所示。

图 3-8

图 3-9

（7）按住 Shift 键选中需要的节点，如图 3-10 所示。在"坐标"面板的"位置"选项组中设置"X"为 0cm，"Y"为 15.6cm，"Z"为 0cm；在"尺寸"选项组中设置"X"为 31cm，"Y"为 0cm，"Z"为 0cm，如图 3-11 所示。

图 3-10

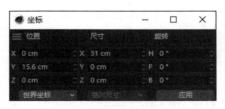

图 3-11

（8）选择"矩形"工具■，在"对象"面板中生成一个矩形.1 对象。在"属性"面板的"对象"选项卡中设置"宽度"为 0.2cm、"高度"为 3.5cm，如图 3-12 所示。选择"扫描"工具■，在"对象"面板中生成一个扫描对象，将其重命名为"带子 1"，如图 3-13 所示。

（9）按住 Shift 键选中矩形对象和矩形.1 对象，如图 3-14 所示（选中时会显示颜色，后同）。将选中的对象拖曳到"带子 1"对象的下方，如图 3-15 所示。折叠"带子 1"对象组。

（10）选中"带子 1"对象组，按住 Ctrl 键和鼠标左键并向上拖曳，直至鼠标指针变为箭头，如图 3-16 所示，松开鼠标左键，复制对象，自动生成一个"带子 1.1"对象组，如图 3-17 所示。

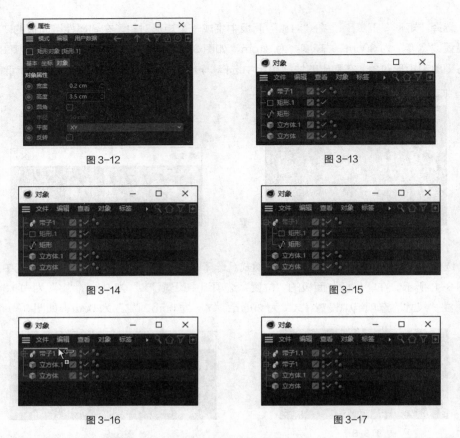

图 3-12 　图 3-13 　图 3-14 　图 3-15 　图 3-16 　图 3-17

（11）选择"模型"工具，切换为"模型"模式。选中"带子1.1"对象组，在"坐标"面板的"旋转"选项组中设置"H"为90°，如图3-18所示。视图窗口中的效果如图3-19所示。

图 3-18

图 3-19

（12）在"对象"面板中将"带子1.1"重命名为"带子2"。按F3键，切换为右视图。选择"样条画笔"工具，在视图窗口中绘制出图3-20所示的效果。按F1键，切换为透视视图。选择"矩形"工具，在"对象"面板中生成一个矩形对象。在"属性"面板的"对象"选项卡中设置"宽度"为0.2cm，"高度"为1.7cm，如图3-21所示。

（13）选择"扫描"工具，在"对象"面板中生成一个扫描对象，如图3-22所示。按住Shift键选中矩形对象和样条对象，将选中的对象拖曳到扫描对象的下方，如图3-23所示。

图 3-20

图 3-21

图 3-22

图 3-23

（14）选择"模型"工具 ，切换为"模型"模式。选中"扫描"对象组，在"坐标"面板的"旋转"选项组中设置"H"为 45°，如图 3-24 所示。将"扫描"对象组重命名为"带子 3"，并将其折叠，如图 3-25 所示。

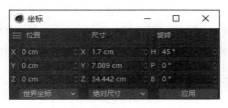

图 3-24

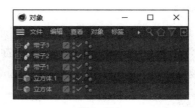

图 3-25

（15）选中"带子 3"对象组，按住 Ctrl 键和鼠标左键并向上拖曳，复制对象组，自动生成"带子 3.1"对象组，如图 3-26 所示。选中"带子 3.1"对象组，在"坐标"面板的"旋转"选项组中设置"H"为 135°，如图 3-27 所示。

图 3-26

图 3-27

（16）在"对象"面板中将"带子 3.1"重命名为"带子 4"。选择"空白"工具 ，在"对象"面板中生成一个空白对象，将其重命名为"右礼物盒"，如图 3-28 所示。框选需要的对象及对象组，将选中的对象及对象组拖入右礼物盒对象的下方，如图 3-29 所示。折叠"右礼物盒"对象组。

图 3-28

图 3-29

（17）选中"右礼物盒"对象组，在"坐标"面板的"位置"选项组中设置"X"为 176cm，"Y"为 15cm，"Z"为−270cm；在"旋转"选项组中设置"H"为 45°，如图 3-30 所示。在"对象"面板中复制"右礼物盒"对象组，将复制得到的对象组重命名为"左礼物盒"，如图 3-31 所示。

图 3-30

图 3-31

（18）选中"左礼物盒"对象组，在"坐标"面板的"位置"选项组中设置"X"为−154cm，"Y"为 15cm，"Z"为−235cm；在"旋转"选项组中设置"H"为 45°，"B"为−90°，如图 3-32 所示。

（19）选择"空白"工具，在"对象"面板中生成一个空白对象，将其重命名为"礼物盒"。将"左礼物盒"对象组和"右礼物盒"对象组选中，并将其拖曳到礼物盒对象的下方，如图 3-33 所示。折叠"礼物盒"对象组。礼物盒模型制作完成。

图 3-32

图 3-33

3.1.2　参数化对象

参数化对象是 Cinema 4D S24 中默认的基本几何体模型，可以直接创建，可以在"属性"面板中通过调整参数来改变这些几何体模型的属性。

长按工具栏中的"立方体"工具，弹出参数化对象列表，如图 3-34 所示。选择"创建 >参数对象"命令，也可以弹出参数化对象列表，如图 3-35 所示。在参数化对象列表中单击需要创建的几何体模型的图标，即可在视图窗口中创建相应的几何体模型，下面介绍其中常用的几种参数化对象。

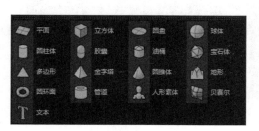

图 3-34

图 3-35

1．立方体

立方体由"立方体"工具![icon]创建，它是建模时常用的几何体，它还可以用作多边形建模的基础模型。在场景中创建立方体后，"属性"面板中会显示该立方体对象的属性，如图 3-36 所示。

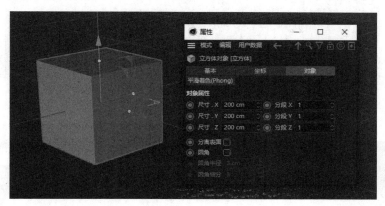

图 3-36

2．圆柱体

圆柱体由"圆柱体"工具![icon]创建，它同样是建模时常用的几何体。在场景中创建圆柱体后，"属性"面板中会显示该对象的属性，如图 3-37 所示，其常用的属性位于"对象""封顶""切片"3 个选项卡中。

3．圆盘

圆盘由"圆盘"工具![icon]创建，通常用于建立地面或反光板。在场景中创建圆盘后，"属性"面板中会显示该圆盘对象的属性，如图 3-38 所示，在其中可以调整"内部半径""外部半径""圆盘分段"等属性。

4．平面

平面由"平面"工具![icon]创建，它的使用范围非常广泛，通常用于建立地面和墙面。在场景中创建平面后，"属性"面板中会显示该平面对象的属性，如图 3-39 所示，在其中可以调整"宽度""高度""宽度分段"等属性。

图 3-37

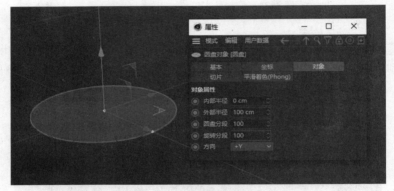

图 3-38

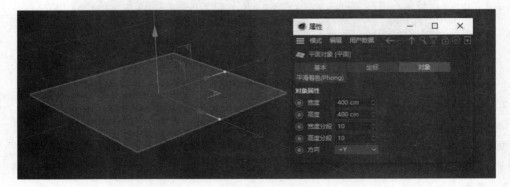

图 3-39

5．球体

球体由"球体"工具创建，它也是常用的几何体。在场景中创建球体后，"属性"面板中会显示该球体对象的属性，如图 3-40 所示。在"类型"下拉列表中选择需要的球体类型时，既可以选择创建完整的球体，也可以创建半球体或球体的某个部分。

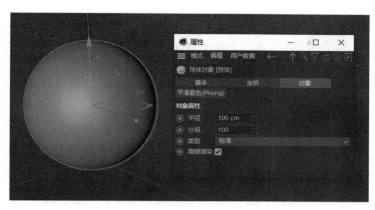

图 3-40

6. 胶囊

胶囊对象的外观类似于顶部和底部为半球体的圆柱体。使用"胶囊"工具 在场景中创建胶囊后，"属性"面板中会显示该胶囊对象的属性，如图 3-41 所示，在其中可以调整"半径"及"高度"等属性。

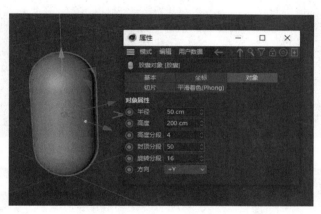

图 3-41

7. 圆锥体

圆锥体造型的物品在生活中随处可见。使用"圆锥体"工具 在场景中创建圆锥体后，"属性"面板中会显示该对象的属性，如图 3-42 所示。另外，在视图窗口中拖曳参数化对象上的控制点，可以改变参数化对象的参数。

8. 管道

管道的外观与圆柱体类似，区别在于管道是空心的，具有内部半径和外部半径。使用"管道"工具 在场景中创建管道后，"属性"面板中会显示该管道对象的属性，如图 3-43 所示。其常用的属性位于"对象"和"切片"两个选项卡中。

9. 地形

地形由"地形"工具 创建，通常用于建立地形模型。使用"地形"工具 在场景中创建地形后，"属性"面板中会显示该对象的属性，如图 3-44 所示。通过调整属性的值可以制作出山峰、洼地和平地等效果。

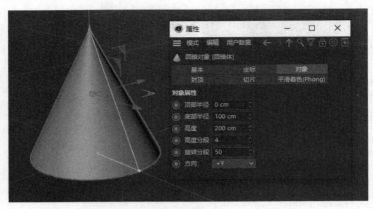

图 3-42

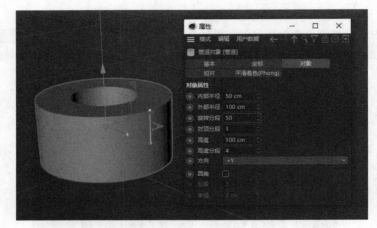

图 3-43

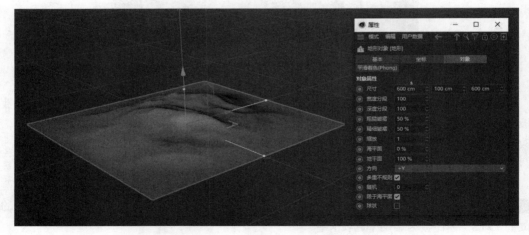

图 3-44

10. 圆环面

圆环面由"圆环面"工具 ◎ 创建，通常用于建立环形或具有圆形横截面的环状物体。使用"圆环面"工具 ◎ 在场景中创建圆环面后，"属性"面板中会显示该对象的属性，如图 3-45 所示。其常用的属性位于"对象"和"切片"两个选项卡中。

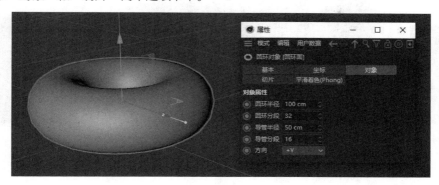

图 3-45

3.1.3　样条

样条是 Cinema 4D S24 中默认的二维图形，可以通过"样条画笔"工具 绘制样条，也可以通过样条列表直接创建样条。绘制出的样条结合其他命令可以生成三维模型，这是一种基础的建模方法。

长按工具栏中的"样条画笔"工具 ，弹出样条列表，如图 3-46 所示。选择"创建 > 样条"命令，也可以弹出样条列表，如图 3-47 所示。在样条列表中单击需要创建的样条的图标，即可在视图窗口中绘制或创建相应的样条。下面介绍其中常用的几种样条。

图 3-46

图 3-47

1．样条画笔

"样条画笔"工具 是 Cinema 4D S24 中常用来绘制曲线的工具，可绘制 5 种类型的曲线，即"线性""立方""Akima""B-样条""贝塞尔"曲线，如图 3-48 所示。

系统默认的曲线为"贝塞尔"曲线。在场景中绘制出一条曲线后，"属性"面板中会显示该对象的属性，如图 3-49 所示。

2．圆环

圆环由"圆环"工具 创建，是常用的样条类型。使用"圆环"工具 可以绘制出不同类型的圆环样条。在场景中创建圆环样条后，"属性"面板中会显示该对象的属性，如图 3-50 所示。

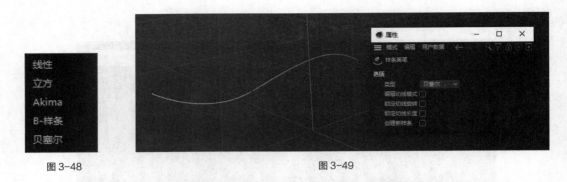

图 3-48　　　　　　　　　　　　　　　　　　图 3-49

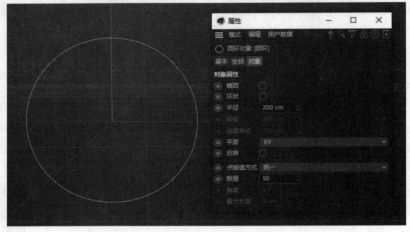

图 3-50

3. 矩形

使用"矩形"工具□可以创建出多种尺寸的矩形样条。在场景中创建矩形样条后，"属性"面板中会显示该对象的属性，如图 3-51 所示，调整"宽度""高度"等的值，可以改变矩形样条的尺寸。

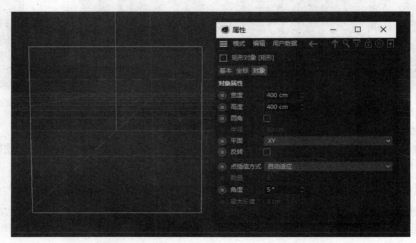

图 3-51

4. 公式

使用"公式"工具 ∿ 创建样条后，可以通过在"属性"面板中输入公式来改变样条的形状。在场景中创建公式样条后，"属性"面板中会显示该对象的属性，如图 3-52 所示。

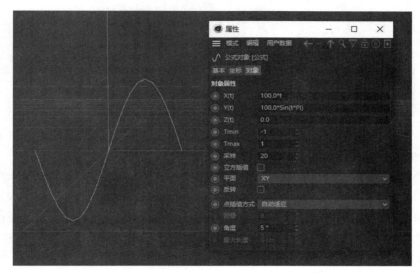

图 3-52

3.2 生成器建模

Cinema 4D S24 中的"生成器"由"细分曲面"和"挤压"两部分组成，这两部分的工具都是绿色的。

长按工具栏中的"细分曲面"工具 ，弹出生成器列表，如图 3-53 所示。此列表中的工具用于对参数化对象进行形态上的调整。长按工具栏中的"挤压"按钮 ，弹出生成器列表，如图 3-54 所示。此列表中的工具用于对样条进行形态上的调整。

图 3-53

图 3-54

3.2.1　课堂案例——制作场景模型

【案例学习目标】使用生成器制作场景模型。

【案例知识要点】使用"平面"工具 制作地面，使用"立方体"工具 、"胶囊"工具 和"布尔"工具 制作墙体，使用"圆柱体"工具 和"圆锥体"工具 制作装饰和树，使用"球体"工

具 和"融球"工具 制作云朵。最终效果如图 3-55 所示。

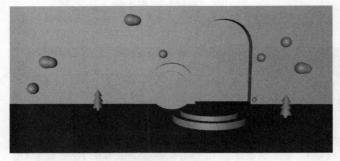

制作场景模型

图 3-55

【效果所在位置】云盘\Ch03\制作场景模型\工程文件.c4d。

（1）启动 Cinema 4D S24。单击"编辑渲染设置"按钮 ，弹出"渲染设置"对话框。在"输出"选项组中设置"宽度"为 1920 像素，"高度"为 900 像素，单击"关闭"按钮，关闭对话框。

（2）选择"平面"工具 ，在"对象"面板中生成一个平面对象，将其重命名为"地面"。在"属性"面板的"对象"选项卡中设置"宽度"为 900cm，"高度"为 1400cm，"宽度分段"为 10，"高度分段"为 10，如图 3-56 所示。

（3）选择"立方体"工具 ，在"对象"面板中生成一个立方体对象，将其重命名为"前墙"。在"属性"面板的"对象"选项卡中设置"尺寸.X"为 19cm，"尺寸.Y"为 500cm，"尺寸.Z"为 1200cm，如图 3-57 所示。在"坐标"面板的"位置"选项组中设置"Y"为 116cm，如图 3-58 所示。

图 3-56

图 3-57

（4）选择"胶囊"工具 ，在"对象"面板中生成一个胶囊对象，将其重命名为"洞"。在"属性"面板的"对象"选项卡中设置"半径"为 40cm，"高度"为 200cm，"高度分段"为 4，"封顶分段"为 8，"旋转分段"为 16，如图 3-59 所示。在"坐标"面板的"位置"选项组中设置"X"为 0cm，"Y"为 20cm，"Z"为 120cm，如图 3-60 所示。

图 3-58

图 3-59

图 3-60

（5）选择"布尔"工具，在"对象"面板中生成一个布尔对象，将其重命名为"墙洞"。将"前墙"对象和"洞"对象拖曳到"墙洞"对象的下方，如图 3-61 所示。视图窗口中的效果如图 3-62 所示。

图 3-61

图 3-62

（6）选择"立方体"工具，在"对象"面板中生成一个立方体对象，将其重命名为"后墙"。在"坐标"面板的"位置"选项组中设置"X"为-20cm，"Y"为 116cm，如图 3-63 所示。在"属性"面板的"对象"选项卡中设置"尺寸.X"为 19cm，"尺寸.Y"为 500cm，"尺寸.Z"为 1200cm，如图 3-64 所示。

图 3-63

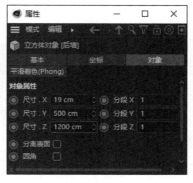

图 3-64

（7）选择"圆柱体"工具，在"对象"面板中生成一个圆柱对象，将其重命名为"平圆盘大"。在"属性"面板的"对象"选项卡中设置"半径"为 40cm，"高度"为 10cm，"高度分段"为 4，"旋转分段"为 32，如图 3-65 所示。在"坐标"面板的"位置"选项组中设置"X"为 100cm，"Y"为 2cm，"Z"为 92cm，如图 3-66 所示。

图 3-65

图 3-66

（8）选择"圆柱体"工具 ▮，在"对象"面板中生成一个圆柱对象，将其重命名为"平圆盘小"。在"属性"面板的"对象"选项卡中设置"半径"为 32cm，"高度"为 10cm，"高度分段"为 4，"旋转分段"为 32。在"坐标"面板的"位置"选项组中设置"X"为 100cm，"Y"为 7cm，"Z"为 92cm，如图 3-67 所示。视图窗口中的效果如图 3-68 所示。

图 3-67

图 3-68

（9）选择"圆柱体"工具 ▮，在"对象"面板中生成一个圆柱对象，将其重命名为"竖圆盘大"。在"属性"面板的"对象"选项卡中设置"半径"为 30cm，"高度"为 10cm，"高度分段"为 4，"旋转分段"为 32。在"坐标"面板的"位置"选项组中设置"X"为 40cm，"Y"为 30cm，"Z"为 50cm；在"旋转"选项组中设置"B"为 90°，如图 3-69 所示。视图窗口中的效果如图 3-70 所示。

图 3-69

图 3-70

（10）选择"圆柱体"工具 ▮，在"对象"面板中生成一个圆柱对象，将其重命名为"竖圆盘小"。在"属性"面板的"对象"选项卡中设置"半径"为 20cm，"高度"为 6cm，"高度分段"为 4，"旋转分段"为 32。在"坐标"面板的"位置"选项组中设置"X"为 44cm，"Y"为 30cm，"Z"为 50cm；在"旋转"选项组中设置"B"为 90°，如图 3-71 所示。视图窗口中的效果如图 3-72 所示。

（11）选择"空白"工具 ▮，在"对象"面板中生成一个空白对象，将其重命名为"圆盘"，如图 3-73 所示。在"对象"面板中框选需要的对象，将选中的对象拖曳到圆盘对象的下方，如图 3-74 所示。折叠"圆盘"对象组。

图 3-71

图 3-72

图 3-73

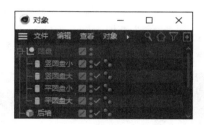

图 3-74

（12）选择"球体"工具 ，在"对象"面板中生成一个球体对象，将其重命名为"左球"。在"属性"面板的"对象"选项卡中设置"半径"为6cm，如图3-75所示。在"坐标"面板的"位置"选项组中设置"X"为125cm，"Y"为40cm，"Z"为-90cm，如图3-76所示。

图 3-75

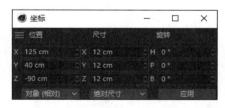

图 3-76

（13）选择"球体"工具 ，在"对象"面板中生成一个球体对象，将其重命名为"中球"。在"属性"面板的"对象"选项卡中设置"半径"为5cm。在"坐标"面板的"位置"选项组中设置"X"为85cm，"Y"为74cm，"Z"为41cm。视图窗口中的效果如图3-77所示。

（14）选择"球体"工具 ，在"对象"面板中生成一个球体对象，将其重命名为"下球"。在"属性"面板的"对象"选项卡中设置"半径"为2cm。在"坐标"面板的"位置"选项组中设置"X"为185cm，"Y"为40cm，"Z"为120cm。视图窗口中的效果如图3-78所示。

（15）选择"球体"工具 ，在"对象"面板中生成一个球体对象，将其重命名为"右中球"。在"属性"面板的"对象"选项卡中设置"半径"为5cm。在"坐标"面板的"位置"选项组中设置"X"为88cm，"Y"为70cm，"Z"为150cm。视图窗口中的效果如图3-79所示。

（16）选择"球体"工具 ，在"对象"面板中生成一个球体对象，将其重命名为"右球"。在"属性"面板的"对象"选项卡中设置"半径"为5cm。在"坐标"面板的"位置"选项组中设置"X"为144cm，"Y"为88cm，"Z"为158cm。视图窗口中的效果如图3-80所示。

图 3-77

图 3-78

图 3-79

（17）选择"空白"工具 ，在"对象"面板中生成一个空白对象，将其重命名为"小球"，如图 3-81 所示。在"对象"面板中框选需要的对象，将选中的对象拖曳到"小球"对象的下方，如图 3-82 所示。折叠"小球"对象组。

图 3-80

图 3-81

图 3-82

（18）选择"圆柱体"工具 ，在"对象"面板中生成一个圆柱对象，将其重命名为"树干"。在 "属性"面板的"对象"选项卡中设置"半径"为 2cm，"高度"为 9cm，"高度分段"为 4，"旋转分 段"为 16，如图 3-83 所示。在"坐标"面板的"位置"选项组中设置"X"为 50cm，"Y"为 1cm、 "Z"为 -42cm，如图 3-84 所示。

图 3-83

图 3-84

（19）选择"圆锥体"工具 ，在"对象"面板中生成一个圆锥对象，将其重命名为"下树冠"。在"属 性"面板的"对象"选项卡中设置"底部半径"为 7cm，"高度"为 14cm，如图 3-85 所示。在"坐标" 面板的"位置"选项组中设置"X"为 50cm，"Y"为 11cm，"Z"为 -42cm，如图 3-86 所示。

（20）选择"圆锥体"工具 ，在"对象"面板中生成一个圆锥对象，将其重命名为"中树冠"。 在"属性"面板的"对象"选项卡中设置"底部半径"为 6cm，"高度"为 11cm。在"坐标"面板 的"位置"选项组中设置"X"为 50cm，"Y"为 17cm，"Z"为 -42cm。视图窗口中的效果如图 3-87 所示。

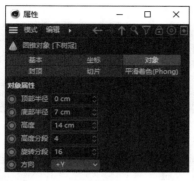

图 3-85

图 3-86

（21）选择"圆锥体"工具 ，在"对象"面板中生成一个圆锥对象，将其重命名为"上树冠"。在"属性"面板的"对象"选项卡中设置"底部半径"为5cm，"高度"为9cm。在"坐标"面板的"位置"选项组中设置"X"为50cm，"Y"为23cm，"Z"为-42cm。视图窗口中的效果如图 3-88 所示。

图 3-87

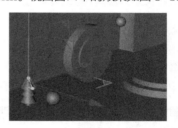

图 3-88

（22）选择"空白"工具 ，在"对象"面板中生成一个空白对象，将其重命名为"左松树"，如图 3-89 所示。在"对象"面板中框选需要的对象，将选中的对象拖曳到"左松树"对象的下方，如图 3-90 所示。折叠"左松树"对象组。

图 3-89

图 3-90

（23）在"对象"面板中，按住 Ctrl 键和鼠标左键，向上拖曳"左松树"对象组，如图 3-91 所示，松开鼠标左键，生成一个"左松树.1"对象组，如图 3-92 所示。将"左松树.1"对象组重命名为"右松树"，如图 3-93 所示。

（24）在"坐标"面板的"位置"选项组中设置"X"为37cm，"Y"为0cm，"Z"为222cm，如图 3-94 所示。视图窗口中的效果如图 3-95 所示。

（25）选择"球体"工具 ，在"对象"面板中生成一个球体对象。在"属性"面板的"对象"选项卡中设置"半径"为9cm。在"坐标"面板的"位置"选项组中设置"X"为100cm，"Y"为66cm，"Z"为-86cm。视图窗口中的效果如图 3-96 所示。

图 3-91

图 3-92

图 3-93

图 3-94

图 3-95

（26）选择"球体"工具 ，在"对象"面板中生成一个球体.1 对象。在"属性"面板的"对象"选项卡中设置"半径"为 6cm。在"坐标"面板的"位置"选项组中设置"X"为 100cm，"Y"为 65cm，"Z"为-78cm。视图窗口中的效果如图 3-97 所示。

图 3-96

图 3-97

（27）选择"融球"工具 ，在"对象"面板中生成一个融球对象。将球体.1 对象和球体对象拖曳到融球对象的下方，如图 3-98 所示。选中"融球"对象组，在"属性"面板的"对象"选项卡中设置"外壳数值"为 200%，"编辑器细分"为 1cm，"渲染器细分"为 1cm，如图 3-99 所示。将"融球"对象组重命名为"左云朵"，将其折叠，如图 3-100 所示。

图 3-98

图 3-99

图 3-100

（28）复制"左云朵"对象组，生成"左云朵.1"对象组，将其重命名为"中云朵"。在"坐标"面板的"位置"选项组中设置"X"为-33cm，"Y"为48cm，"Z"为88cm。视图窗口中的效果如图 3-101 所示。

（29）复制"左云朵"对象组，生成"左云朵.1"对象组，将其重命名为"右云朵"。在"坐标"面板的"位置"选项组中设置"X"为-33cm，"Y"为-10cm，"Z"为 288cm。视图窗口中的效果如图 3-102 所示。

图 3-101   图 3-102

（30）选择"空白"工具，在"对象"面板中生成一个空白对象，将其重命名为"云朵"，如图 3-103 所示。在"对象"面板中框选需要的对象，将选中的对象拖曳到"云朵"对象的下方，如图 3-104 所示。折叠"云朵"对象组。

（31）选择"空白"工具，在"对象"面板中生成一个空白对象，将其重命名为"场景"。在"对象"面板中框选所有的对象及对象组，将选中的对象及对象组拖曳到场景对象的下方，如图 3-105 所示。折叠"场景"对象组。场景模型制作完成。

图 3-103   图 3-104   图 3-105

3.2.2   细分曲面

"细分曲面"生成器是常用的三维设计工具之一，通过为对象的点、线、面增加权重，以及对对象表面进行细分，能够将对象锐利的边缘变得圆滑，如图 3-106 所示。在"对象"面板中将要修改的对象设置为"细分曲面"生成器的子级，这样该对象表面才会被细分。

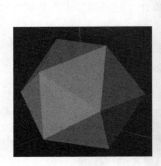 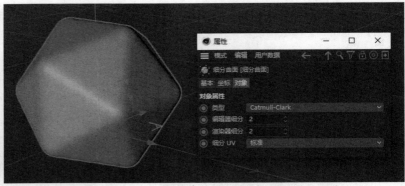

图 3-106

3.2.3 布尔

使用"布尔"生成器可以在绘制的两个参数化对象之间进行布尔运算，如图 3-107 所示。"属性"面板中会显示布尔对象的属性，其常用的属性位于"对象"选项卡内。在"对象"面板中将要修改的两个对象设置为"布尔"生成器的子级，这样该对象之间才能进行布尔运算，类型包括相加、相减、交集和补集，其中默认的类型为"A 减 B"。

 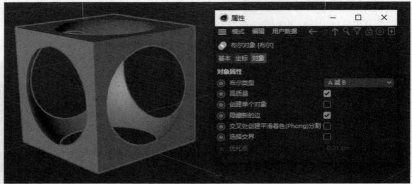

图 3-107

3.2.4 对称

使用"对称"生成器可以将绘制的参数化对象进行镜像复制，新复制的对象会继承原对象的所有属性，如图 3-108 所示。"属性"面板中会显示对称对象的属性，其常用的属性位于"对象"选项卡内。在"对象"面板中将要修改的对象设置为"对称"生成器的子级，这样才可以为对象生成对称效果。

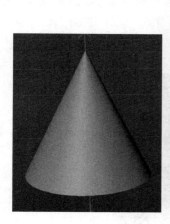
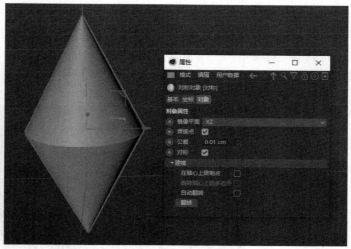

图 3-108

3.2.5　融球

使用"融球"生成器可以将绘制的多个参数化对象融合在一起，形成粘连效果，如图 3-109 左图所示。"属性"面板中会显示融球对象的属性，如图 3-109 右图所示。在"对象"面板中将要修改的对象设置为"挤压"生成器的子级，这样对象表面才会被挤压。

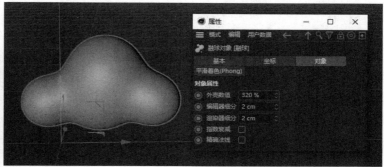

图 3-109

3.2.6　课堂案例——制作饮料瓶模型

制作饮料瓶模型

【案例学习目标】使用生成器制作饮料瓶模型。

【案例知识要点】使用"样条画笔"工具 绘制饮料瓶轮廓，使用"旋转"工具 使饮料瓶立体化，使用"缩放"命令复制并缩放对象，使用"焊接"命令焊接对象，使用"框选"工具选中并修改点的位置，使用"平面"工具 、"对称"工具 和"细分曲面"工具 制作瓶贴，使用"收缩包裹"工具 制作包裹效果，使用"圆柱体"工具 、"挤压"命令、"内部挤压"命令和"循环/路径切割"命令制作瓶盖。最终效果如图 3-110 所示。

图 3-110

【效果所在位置】云盘\Ch03\制作饮料瓶模型\工程文件.c4d。

（1）启动 Cinema 4D S24。单击 "编辑渲染设置" 按钮 ，弹出 "渲染设置" 对话框，如图 3-111 所示。在 "输出" 选项组中设置 "宽度" 为 750 像素，"高度" 为 1106 像素，单击 "关闭" 按钮，关闭对话框。

图 3-111

（2）按 F4 键，切换到正视图。选择 "样条画笔" 工具 ，在视图窗口中适当的位置多次单击，创建 19 个节点，按 Esc 键确定操作，效果如图 3-112 所示，在 "对象" 面板中生成一个 "样条" 对象，如图 3-113 所示。

图 3-112

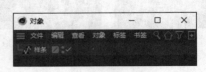

图 3-113

（3）选择 "点" 工具 ，切换为 "点" 模式。选择 "实时选择" 工具 ，在视图窗口中选中需要的点，如图 3-114 所示。在 "坐标" 面板的 "位置" 选项组中设置 "X" 为 -103cm，"Y" 为 143.6cm，"Z" 为 0cm，如图 3-115 所示。视图窗口中的效果如图 3-116 所示。

（4）在视图窗口中选中需要的点，如图 3-117 所示。在 "坐标" 面板的 "位置" 选项组中设置 "X" 为 -104.4cm，"Y" 为 142.1cm，"Z" 为 0cm，如图 3-118 所示。视图窗口中的效果如图 3-119 所示。

（5）在视图窗口中选中需要的点，在 "坐标" 面板的 "位置" 选项组中设置 "X" 为 -104.5cm，"Y" 为 140.4cm，"Z" 为 0cm，如图 3-120 所示。在视图窗口中选中需要的点，在 "坐标" 面板的 "位置" 选项组中设置 "X" 为 -103.6cm，"Y" 为 138.8cm，"Z" 为 0cm，如图 3-121 所示。在视图窗口中选中需要的点，在"坐标"面板的"位置"选项组中设置"X"为-104.2cm，"Y"为137cm，"Z"为0cm，如图 3-122 所示。

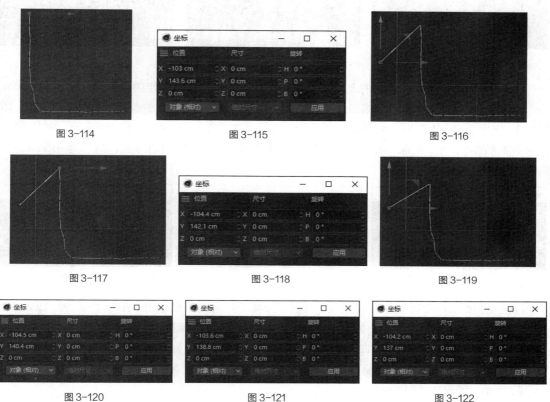

图 3-114 图 3-115 图 3-116

图 3-117 图 3-118 图 3-119

图 3-120 图 3-121 图 3-122

（6）在视图窗口中选中需要的点，在"坐标"面板的"位置"选项组中设置"X"为-104.7cm，"Y"为135.3cm，"Z"为0cm，如图 3-123 所示。在视图窗口中选中需要的点，在"坐标"面板的"位置"选项组中设置"X"为-104cm，"Y"为133.6cm，"Z"为0cm，如图 3-124 所示。在视图窗口中选中需要的点，在"坐标"面板的"位置"选项组中设置"X"为-108.6cm，"Y"为80cm，"Z"为0cm，如图 3-125 所示。

图 3-123 图 3-124 图 3-125

（7）在视图窗口中选中需要的点，在"坐标"面板的"位置"选项组中设置"X"为-109.6cm，"Y"为76.2cm，"Z"为0cm，如图 3-126 所示。在视图窗口中选中需要的点，在"坐标"面板的"位置"选项组中设置"X"为-114.7cm，"Y"为68cm，"Z"为0cm，如图 3-127 所示。在视图窗口中选中需要的点，在"坐标"面板的"位置"选项组中设置"X"为-120cm，"Y"为 57cm，"Z"为0cm，如图 3-128 所示。

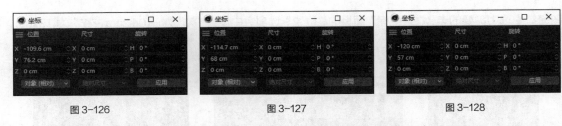

图 3-126　　　　　　　　　图 3-127　　　　　　　　　图 3-128

（8）在视图窗口中选中需要的点，在"坐标"面板的"位置"选项组中设置"X"为−121.5cm，"Y"为45cm，"Z"为0cm，如图3-129所示。在视图窗口中选中需要的点，在"坐标"面板的"位置"选项组中设置"X"为−121.3cm，"Y"为−49cm，"Z"为0cm，如图3-130所示。在视图窗口中选中需要的点，在"坐标"面板的"位置"选项组中设置"X"为−121.4cm，"Y"为−50cm，"Z"为0cm，如图3-131所示。

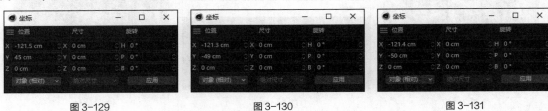

图 3-129　　　　　　　　　图 3-130　　　　　　　　　图 3-131

（9）在视图窗口中选中需要的点，在"坐标"面板的"位置"选项组中设置"X"为−121.4cm，"Y"为−55.5cm，"Z"为0cm，如图3-132所示。在视图窗口中选中需要的点，在"坐标"面板的"位置"选项组中设置"X"为−120.6cm，"Y"为−61.4cm，"Z"为0cm，如图3-133所示。在视图窗口中选中需要的点，在"坐标"面板的"位置"选项组中设置"X"为−119.6cm，"Y"为−64cm，"Z"为0cm，如图3-134所示。

图 3-132　　　　　　　　　图 3-133　　　　　　　　　图 3-134

（10）在视图窗口中选中需要的点，在"坐标"面板的"位置"选项组中设置"X"为−117cm，"Y"为−65cm，"Z"为0cm，如图3-135所示。在视图窗口中选中需要的点，在"坐标"面板的"位置"选项组中设置"X"为−94cm，"Y"为−65cm，"Z"为0cm，如图3-136所示。视图窗口中的效果如图3-137所示。按Ctrl+A组合键全选节点，如图3-138所示。在节点上单击鼠标右键，在弹出的快捷菜单中选择"柔性差值"命令，效果如图3-139所示。

（11）选择"旋转"工具，在"对象"面板中生成一个旋转对象。将样条对象拖曳到旋转对象的下方，如图3-140所示。视图窗口中的效果如图3-141所示。水平向右拖曳 x 轴到适当的位置，制作出图3-142所示的效果。

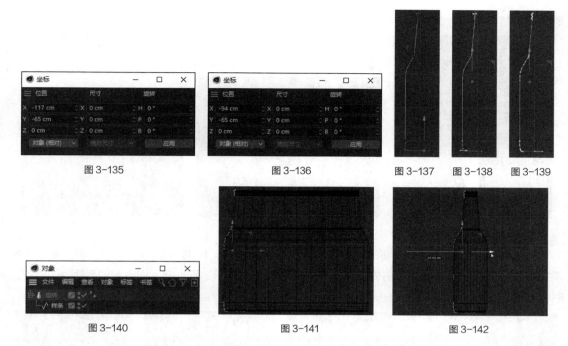

图 3-135　　　　　　　　图 3-136　　　　　图 3-137　　图 3-138　　图 3-139

图 3-140　　　　　　　　图 3-141　　　　　　　　图 3-142

（12）在"对象"面板中选中"旋转"对象组，单击鼠标右键，在弹出的快捷菜单中选择"连接对象+删除"命令，将该组中的对象连接，将其重命名为"瓶身"，如图 3-143 所示。按住 Ctrl 键和鼠标左键向上拖曳瓶身对象，松开鼠标左键，复制对象，此时生成一个瓶身.1 对象，将其重命名为"饮料"，如图 3-144 所示。

（13）选择"模型"工具，切换为"模型"模式。选择"移动"工具，选择"网格 > 轴心 > 轴对齐"命令，弹出"轴对齐"对话框，勾选"点中心""包括子级""使用所有对象""自动更新"复选框，如图 3-145 所示。单击"执行"按钮，将对象与轴居中对齐。

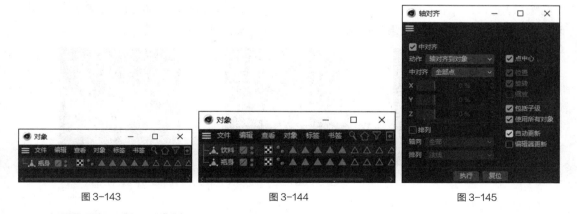

图 3-143　　　　　　　　图 3-144　　　　　　　　图 3-145

（14）选择"缩放"工具，按住鼠标左键并拖曳，缩放对象为原对象大小的 85%，效果如图 3-146 所示。选择"框选"工具，垂直向下拖曳 y 轴到适当的位置，制作出图 3-147 所示的效果。

（15）选择"点"工具，切换为"点"模式。在视图窗口中单击鼠标右键，在弹出的快捷菜单中选择"循环切割"命令，在视图窗口中适当的位置单击，切割需要的面，在"属性"面板中设置"偏移”为 98%，如图 3-148 所示。视图窗口中的效果如图 3-149 所示。

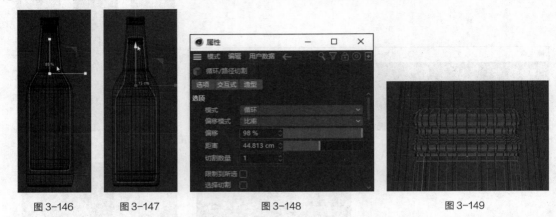

图 3-146　　　　图 3-147　　　　　　　图 3-148　　　　　　　　　图 3-149

（16）在视图窗口中框选需要的点，效果如图 3-150 所示。按 Delete 键，将选中的点删除，效果如图 3-151 所示。再次框选需要的点，效果如图 3-152 所示。垂直向上拖曳 y 轴到适当的位置，制作出图 3-153 所示的效果。

图 3-150　　　　　　图 3-151　　　　　　图 3-152　　　　　　图 3-153

（17）选择"边"工具 ，切换为"边"模式。按 F1 键，切换到透视视图，如图 3-154 所示。选中需要的边，选择"缩放"工具 ，按住 Ctrl 键并拖曳，复制并缩放选中的边，效果如图 3-155 所示。

（18）选择"点"工具 ，切换为"点"模式。在视图窗口中单击鼠标右键，在弹出的快捷菜单中选择"焊接"命令，在视图窗口中适当的位置单击，焊接对象，视图窗口中的效果如图 3-156 所示。选择"平面"工具 ，在"对象"面板中生成一个平面对象，如图 3-157 所示。

图 3-154　　　　　　　图 3-155　　　　　　　图 3-156

（19）在"属性"面板的"对象"选项卡中设置"宽度"为 54.3cm，"高度"为 78.2cm，"宽度分段"为 2，"高度分段"为 2，如图 3-158 所示；在"坐标"选项卡中设置"P.X"为 0cm，"P.Y"为−1.6cm，"P.Z"为−40.2cm，"R.H"为 0°，"R.P"为 90°，"R.B"为 0°，如图 3-159 所示。视图窗口中的效果如图 3-160 所示。

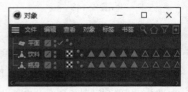

图 3-157

图 3-158 　　　　　　　　　　　图 3-159 　　　　　　　　　　图 3-160

（20）用鼠标右键单击"对象"面板中的平面对象，在弹出的快捷菜单中选择"转为可编辑对象"命令，将其转为可编辑对象，如图 3-161 所示。按 F4 键，切换到正视图。选择"框选"工具 ，按住 Shift 键在视图窗口中框选需要的点，效果如图 3-162 所示。按 Delete 键，将选中的点删除，效果如图 3-163 所示。

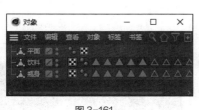

图 3-161 　　　　　　　　　　图 3-162 　　　　　　　　　图 3-163

（21）选择"对称"工具 ，在"对象"面板中生成一个对称对象。将平面对象拖曳到对称对象的下方，如图 3-164 所示。选择"对称"工具 ，在"对象"面板中生成一个对称.1 对象。将"对称"对象组拖曳到对称.1 对象的下方，如图 3-165 所示。选中"对称.1"对象组，在"属性"面板的"对象"选项卡中设置"镜像平面"为 XZ、"公差"为 2cm，如图 3-166 所示。使用相同的方法，在对称对象"属性"面板的"对象"选项卡中设置"公差"为 2cm。

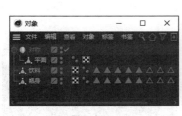

图 3-164 　　　　　　　　　　图 3-165 　　　　　　　　　图 3-166

（22）在"对象"面板中选中平面对象，选择"框选"工具 ，选中需要的点，效果如图 3-167 所示。向下拖曳 y 轴到适当的位置，效果如图 3-168 所示。使用相同的方法，水平向右拖曳 x 轴到适当的位置，效果如图 3-169 所示。框选需要的点，如图 3-170 所示。垂直向上拖曳 y 轴到适当的位置，效果如图 3-171 所示。

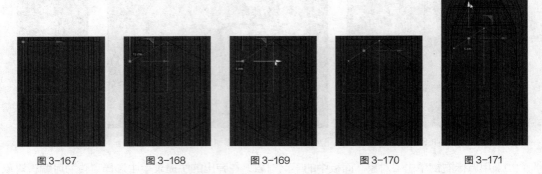

| 图 3-167 | 图 3-168 | 图 3-169 | 图 3-170 | 图 3-171 |

（23）选择"细分曲面"工具 ，在"对象"面板中生成一个细分曲面对象。将"对称.1"对象组拖曳到细分曲面对象的下方，如图 3-172 所示。视图窗口中的效果如图 3-173 所示。选中"细分曲面"对象组，在该对象组上单击鼠标右键，在弹出的快捷菜单中选择"连接对象+删除"命令，将该组中的对象连接，将其重命名为"贴图"，如图 3-174 所示。

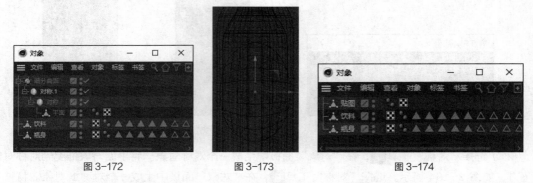

| 图 3-172 | 图 3-173 | 图 3-174 |

（24）选择"收缩包裹"工具 ，在"对象"面板中生成一个收缩包裹对象。将收缩包裹对象拖曳到贴图对象的下方，如图 3-175 所示。将"对象"面板中的瓶身对象拖曳到"属性"面板"对象"选项卡中的"目标对象"选项中，如图 3-176 所示。

（25）选中"贴图"对象组，在该对象组上单击鼠标右键，在弹出的快捷菜单中选择"当前状态转对象"命令。按 Detele 键，删除该对象组，"对象"面板如图 3-177 所示。

| 图 3-175 | 图 3-176 | 图 3-177 |

（26）按 F1 键，切换到透视视图，如图 3-178 所示。单击"多边形"按钮 ，切换为"多边形"模式。按 Ctrl+A 组合键全选面，如图 3-179 所示。在视图窗口中单击鼠标右键，在弹出的快捷菜单

中选择"挤压"命令，在"属性"面板中设置"偏移"为 1.1cm，如图 3-180 所示，效果如图 3-181
所示。

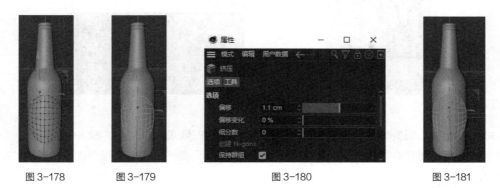

| 图 3-178 | 图 3-179 | 图 3-180 | 图 3-181 |

（27）选择"细分曲面"工具 ，在"对象"面板中生成一个细分曲面对象，将其重命名为"贴
图"。将"贴图"对象组拖曳到贴图对象的下方，如图 3-182 所示。视图窗口中的效果如图 3-183
所示。

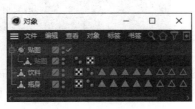

图 3-182

图 3-183

（28）选择"圆柱体"工具 ，在"对象"面板中生成一个圆柱体对象，如图 3-184 所示。在"属
性"面板的"对象"选项卡中设置"半径"为 10.8cm，"高度"为 6cm，"高度分段"为 1，"旋转分
段"为 64，如图 3-185 所示。

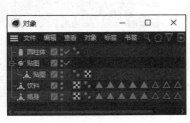

图 3-184

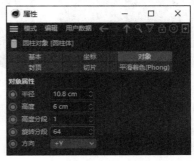

图 3-185

（29）选择"视窗独显"工具 ，在视图窗口中独显对象，如图 3-186 所示。用鼠标右键单击"对
象"面板中的圆柱体对象，在弹出的快捷菜单中选择"转为可编辑对象"命令，将其转为可编辑对象，

如图 3-187 所示。

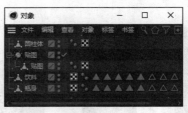

图 3-186　　　　　　　　　　　　　　　　　图 3-187

（30）选择"实时选择"工具 ⦿，在视图窗口中选中圆柱体底部的面，如图 3-188 所示。在视图窗口中单击鼠标右键，在弹出的快捷菜单中选择"内部挤压"命令，在"属性"面板中设置"偏移"为 0.3cm，如图 3-189 所示。

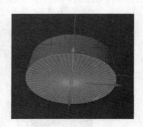

图 3-188　　　　　　　　　　　　　　　　　图 3-189

（31）在视图窗口中单击鼠标右键，在弹出的快捷菜单中选择"挤压"命令，在"属性"面板中设置"偏移"为-5cm，如图 3-190 所示，视图窗口中的效果如图 3-191 所示。按 F4 键，切换到正视图，如图 3-192 所示。

图 3-190　　　　　　　　　图 3-191　　　　　　　　　图 3-192

（32）在视图窗口中单击鼠标右键，在弹出的快捷菜单中选择"挤压"命令，在"属性"面板中设置"偏移"为-0.6cm，如图 3-193 所示。视图窗口中的效果如图 3-194 所示。选择"缩放"工具 ▣，按住鼠标左键并拖曳，以缩放选中的边，效果如图 3-195 所示。

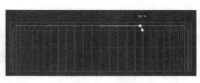

图 3-193   图 3-194   图 3-195

（33）在视图窗口中单击鼠标右键，在弹出的快捷菜单中选择"循环/路径切割"命令，在视图窗口中适当的位置单击，切割需要的面，在"属性"面板中设置"偏移"为 17%，如图 3-196 所示。视图窗口中的效果如图 3-197 所示。

图 3-196   图 3-197

（34）按 F1 键，切换到透视视图。选择"实时选择"工具，在视图窗口中选中圆柱体顶部的面，如图 3-198 所示。选择"缩放"工具，按住鼠标左键并拖曳，以缩放选中的面，效果如图 3-199 所示。

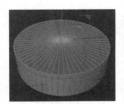

图 3-198   图 3-199

（35）选择"点"工具，切换为"点"模式。选择"实时选择"工具，在圆柱体底部选中需要的点，如图 3-200 所示。选择"缩放"工具，按住鼠标左键并拖曳，制作出图 3-201 所示的效果。

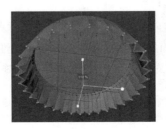

图 3-200   图 3-201

（36）在视图窗口中单击鼠标右键，在弹出的快捷菜单中选择"循环/路径切割"命令，在视图窗口中适当的位置单击，切割需要的面，在"属性"面板中设置"偏移"为5%，如图3-202所示。视图窗口中的效果如图3-203所示。

图 3-202

（37）选择"模型"工具 ，切换为"模型"模式。选择"实时选择"工具 ，在"对象"面板中选中圆柱体对象。在"坐标"面板的"位置"选项组中设置"X"为0cm，"Y"为142cm，"Z"为0cm，如图3-204所示。

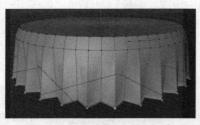

图 3-203

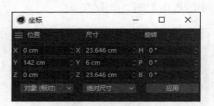

图 3-204

（38）选择"视窗独显"工具 ，取消独显效果，视图窗口中的效果如图3-205所示。选择"细分曲面"工具 ，在"对象"面板中生成一个细分曲面对象，将其重命名为"瓶盖"。将圆柱体对象拖曳到瓶盖对象的下方，如图3-206所示。视图窗口中的效果如图3-207所示。

（39）使用框选的方法，将"对象"面板中的对象与对象组全部选中，按Alt+G组合键将其编组并重命名为"饮品"，如图3-208所示。饮料瓶模型制作完成。

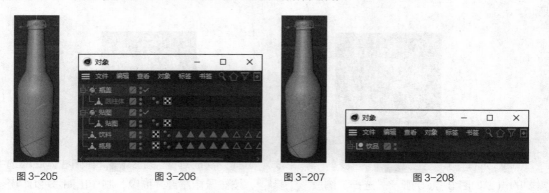

图 3-205　　　　　图 3-206　　　　　图 3-207　　　　　图 3-208

3.2.7　挤压

使用"挤压"生成器可以将绘制的样条转换为三维模型，使样条具有厚度，如图3-209所示。"属性"面板中会显示挤压对象的属性，其常用的属性位于"对象""封盖""选集"3个选项卡内。在"对象"面板中将要挤压的对象设置为"挤压"生成器的子级，这样该对象才会被挤压。

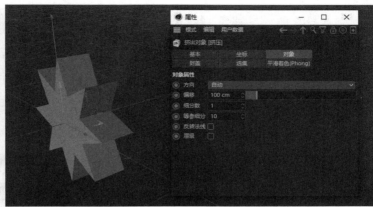

图 3-209

3.2.8　旋转

使用"旋转"生成器可以将绘制的样条绕 y 轴旋转任意角度,从而将其转换为三维模型,如图 3-210 所示。"属性"面板中会显示旋转对象的属性,其常用的属性位于"对象""封盖""选集"3 个选项卡内。在"对象"面板中将要旋转的样条设置为"旋转"生成器的子级,这样该样条才会绕 y 轴旋转,从而生成三维模型。

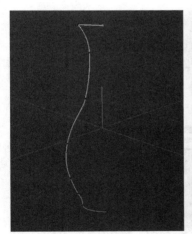
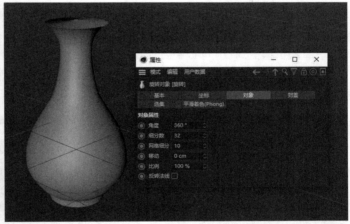

图 3-210

3.2.9　放样

使用"放样"生成器可以将多个样条连接在一起,从而生成三维模型,如图 3-211 所示。"属性"面板中会显示放样对象的属性,其常用的属性位于"对象""封盖""选集"3 个选项卡内。在"对象"面板中将要放样的样条设置为"放样"生成器的子级,这样样条之间才会被连接。

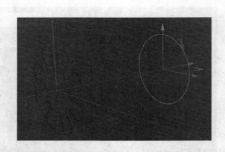

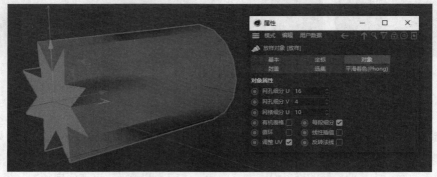

图 3-211

3.2.10　扫描

使用"扫描"生成器可以使一个样条按照另一个样条的路径进行扫描，从而生成三维模型，如图 3-212 所示。"属性"面板中会显示扫描对象的属性，其常用的属性位于"对象""封盖""选集" 3 个选项卡内。在"对象"面板中将要扫描的样条设置为"扫描"生成器的子级，这样样条表面才会被扫描。

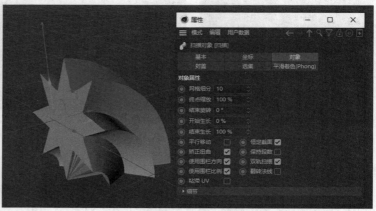

图 3-212

3.2.11　样条布尔

"样条布尔"生成器的使用方法与"布尔"工具一样，它是对多个样条进行布尔运算的工具，如

图 3-213 所示。在"对象"面板中将样条设置为"样条布尔"生成器的子级，这样才可以在多个样条间进行布尔运算。

图 3-213

3.3 变形器建模

Cinema 4D S24 中的变形器通常作为对象的子级或平级。使用该工具可以对三维对象进行扭曲、倾斜及旋转等变形操作，具有出错少、速度快的特点。

长按工具栏中的"弯曲"工具，弹出变形器列表，如图 3-214 所示。选择"创建 > 变形器"命令，也可以弹出变形器列表，如图 3-215 所示。在变形器列表中单击需要的图标，即可创建相应的变形器。

图 3-214   图 3-215

3.3.1 课堂案例——制作沙发模型

【案例学习目标】使用变形器制作沙发模型。

【案例知识要点】使用"立方体"工具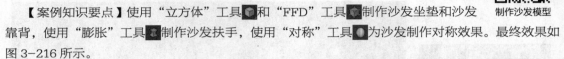和"FFD"工具制作沙发坐垫和沙发靠背，使用"膨胀"工具制作沙发扶手，使用"对称"工具为沙发制作对称效果。最终效果如图 3-216 所示。

制作沙发模型

【效果所在位置】云盘\Ch03\制作沙发模型\工程文件.c4d。

（1）启动 Cinema 4D。单击"编辑渲染设置"按钮，弹出"渲染设置"对话框，在"输出"选项组中设置"宽度"为 1400 像素、"高度"为 1064 像素，单击"关闭"按钮，关闭对话框。选择"文件 > 合并项目"命令，在弹出的"打开文件"对话框中选择云盘中的"Ch03\制作沙发模型\素材\01.c4d"文件，单击"打开"按钮，打开文件，如图 3-217 所示，视图窗口中的效果如图 3-218 所示。

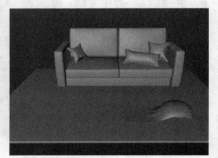

图 3-216

图 3-217

图 3-218

（2）选择"立方体"工具，在"对象"面板中生成一个立方体对象，将其重命名为"沙发底"，如图 3-219 所示。在"属性"面板的"对象"选项卡中设置"尺寸.X"为 188cm，"尺寸.Y"为 17cm，"尺寸.Z"为 80cm，勾选"圆角"复选框，设置"圆角半径"为 1cm，如图 3-220 所示；在"坐标"选项卡中设置"P.X"为-150cm，"P.Y"为-5cm，"P.Z"为 182cm，如图 3-221 所示。

图 3-219

图 3-220

（3）选择"立方体"工具 ▣，在"对象"面板中生成一个立方体对象，将其重命名为"沙发坐垫"，如图 3-222 所示。在"属性"面板的"对象"选项卡中设置"尺寸.X"为 94cm，"尺寸.Y"为 17cm，"尺寸.Z"为 80cm，"分段 X"为 3、"分段 Y"为 1，"分段 Z"为 3，勾选"圆角"复选框，设置"圆角半径"为 3cm，"圆角细分"为 5、如图 3-223 所示；在"坐标"选项卡中设置"P.X"为 −195cm，"P.Y"为 12cm，"P.Z"为 178cm，如图 3-224 所示。

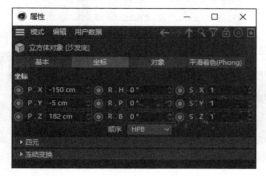

图 3-221

图 3-222

图 3-223

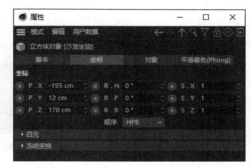

图 3-224

（4）按住 Shift 键选择"FFD"工具 ▣，在沙发坐垫对象的下方生成一个 FFD 子级对象，如图 3-225 所示。选择"点"工具 ▣，切换为"点"模式。选择"移动"工具 ✛，在视图窗口中选中需要的点，如图 3-226 所示。

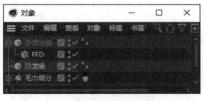

图 3-225

图 3-226

（5）在"坐标"面板的"位置"选项组中设置"X"为 0cm，"Y"为 32cm，"Z"为 0cm，如图 3-227 所示。视图窗口中的效果如图 3-228 所示。

（6）按住 Shift 键在视图窗口中选中需要的点，如图 3-229 所示。在"坐标"面板的"位置"选项组中设置"X"为 0cm，"Y"为 13cm，"Z"为 0cm，如图 3-230 所示。视图窗口中的效果如

图 3-231 所示。

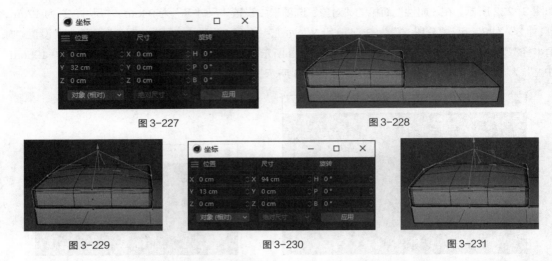

图 3-227

图 3-228

图 3-229　　　　　　　　　图 3-230　　　　　　　　　图 3-231

（7）按住 Shift 键在视图窗口中选中需要的点，如图 3-232 所示。在"坐标"面板的"位置"选项组中设置"X"为 0cm，"Y"为 6.5cm，"Z"为 0cm，如图 3-233 所示。视图窗口中的效果如图 3-234 所示。折叠"沙发坐垫"对象组。

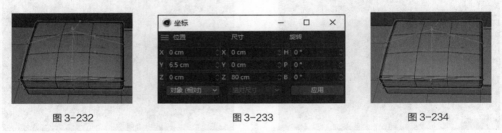

图 3-232　　　　　　　　　图 3-233　　　　　　　　　图 3-234

（8）选择"立方体"工具，在"对象"面板中生成一个立方体对象，将其重命名为"沙发扶手"，如图 3-235 所示。在"属性"面板的"对象"选项卡中设置"尺寸.X"为 16cm，"尺寸.Y"为 70cm，"尺寸.Z"为 80cm，"分段 X"为 1，"分段 Y"为 10，"分段 Z"为 1，勾选"圆角"复选框，设置"圆角半径"为 4cm，"圆角细分"为 6，如图 3-236 所示；在"坐标"选项卡中设置"P.X"为 -252cm，"P.Y"为 18cm，"P.Z"为 182cm，如图 3-237 所示。

图 3-235　　　　　　　　　　　　图 3-236

（9）按住 Shift 键选择"膨胀"工具 ，在沙发扶手对象的下方生成一个膨胀子级对象，如图 3-238 所示。在"属性"面板的"对象"选项卡中设置"强度"为 6%，如图 3-239 所示。视图窗口中的效果如图 3-240 所示。折叠"沙发扶手"对象组。

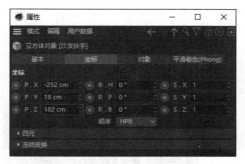

图 3-237

图 3-238

图 3-239

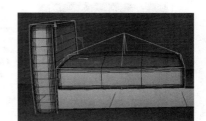

图 3-240

（10）选择"立方体"工具 ，在"对象"面板中生成一个立方体对象，将其重命名为"沙发靠背"，如图 3-241 所示。在"属性"面板的"对象"选项卡中设置"尺寸.X"为 18cm，"尺寸.Y"为 59cm，"尺寸.Z"为 94cm，"分段 X"为 1，"分段 Y"为 10，"分段 Z"为 10，勾选"圆角"复选框，设置"圆角半径"为 4cm，"圆角细分"为 6，如图 3-242 所示；在"坐标"选项卡中设置"P.X"为−196cm，"P.Y"为 51.5cm，"P.Z"为 213cm，"R.H"为−90°，"R.P"为 0°，"R.B"为−15°，如图 3-243 所示。

图 3-241

图 3-242

（11）按住 Shift 键选择"FFD"工具 █，在沙发靠背对象的下方生成一个 FFD 子级对象，如图 3-244 所示。选择"点"工具 █，切换为"点"模式。选择"移动"工具 █，在视图窗口中选中需要的点，如图 3-245 所示。在"坐标"面板的"位置"选项组中设置"X"为 30cm，"Y"为 0cm，"Z"为 0cm，如图 3-246 所示。

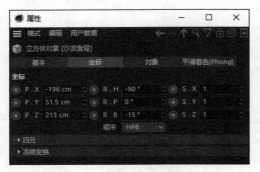

图 3-243

图 3-244

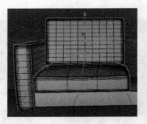

图 3-245

图 3-246

（12）在视图窗口中选中需要的点，如图 3-247 所示。在"坐标"面板的"位置"选项组中设置"X"为 9cm，"Y"为-28cm，"Z"为 0cm，如图 3-248 所示。视图窗口中的效果如图 3-249 所示。

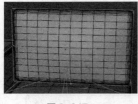

图 3-247

图 3-248

图 3-249

（13）在视图窗口中选中需要的点，如图 3-250 所示。在"坐标"面板的"位置"选项组中设置"X"为 9cm，"Y"为 0cm，"Z"为 49cm，如图 3-251 所示。视图窗口中的效果如图 3-252 所示。

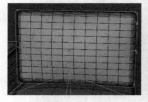

图 3-250

图 3-251

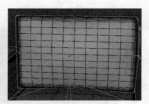

图 3-252

（14）在视图窗口中选中需要的点，如图 3-253 所示。在"坐标"面板的"位置"选项组中设置"X"为 9cm，"Y"为 0cm，"Z"为 -49cm，如图 3-254 所示。视图窗口中的效果如图 3-255 所示。

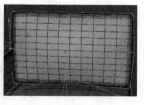

图 3-253　　　　　　　　　　图 3-254　　　　　　　　　　图 3-255

（15）按住 Alt 键，在"对象"面板（见图 3-256）中分别双击"沙发靠背"对象组中的 FFD 对象、"沙发扶手"对象组中的膨胀对象和"沙发坐垫"对象组中的 FFD 对象右侧的 ■ 按钮，隐藏对象。分别折叠对象组，框选"沙发靠背""沙发扶手""沙发坐垫"对象组，如图 3-257 所示。按 Alt+G 组合键将选中的对象组编组，将其重命名为"沙发顶"，如图 3-258 所示。

图 3-256　　　　　　　　　　图 3-257　　　　　　　　　　图 3-258

（16）选择"对称"工具 ■，在"对象"面板中生成一个对称对象。将"沙发顶"对象组拖曳到对称对象的下方，将"对称"对象组重命名为"沙发对称"，如图 3-259 所示。选中"沙发顶"对象组，在"属性"面板的"坐标"选项卡中设置"P.X"为 -66cm，"P.Y"为 45cm，"P.Z"为 153cm，如图 3-260 所示。

图 3-259　　　　　　　　　　　　　　图 3-260

（17）选中"沙发对称"对象组，在"属性"面板的"坐标"选项卡中设置"P.X"为 -149cm，"P.Y"为 -17cm，"P.Z"为 36cm，如图 3-261 所示。视图中的效果如图 3-262 所示。折叠"沙发对称"对象组。

（18）选择"显示 > 光影着色"命令。选择"文件 > 合并项目"命令，在弹出的"打开文件"对话框中选择云盘中的"Ch03\制作沙发模型\素材\02.c4d"文件，单击"打开"按钮，将选中的文件导入，"对象"面板如图 3-263 所示。视图窗口中的效果如图 3-264 所示。

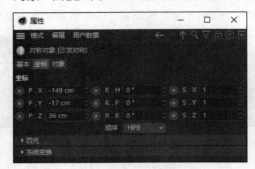

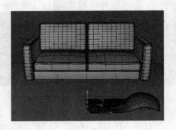

图 3-261　　　　　　　　　　　　　　　　　　图 3-262

（19）按 Ctrl+A 组合键，在"对象"面板中将对象及对象组全部选中。按 Alt+G 组合键，将选中的对象及对象组编组，将其重命名为"沙发"，如图 3-265 所示。沙发模型制作完成。

图 3-263　　　　　　　　图 3-264　　　　　　　　图 3-265

3.3.2　弯曲

使用"弯曲"变形器可以对绘制的参数化对象进行弯曲变形，如图 3-266 所示。"属性"面板中会显示弯曲对象的属性，通过设置可以调整弯曲对象的强度和角度，其常用的属性位于"对象"及"衰减"两个选项卡内。在"对象"面板中将"弯曲"变形器设置为修改对象的子级，这样才可以对该对象进行弯曲操作，效果如图 3-267 所示。

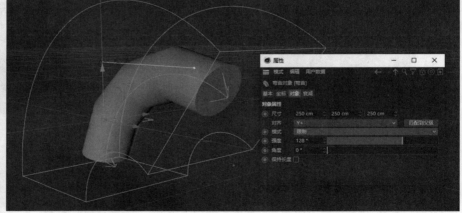

图 3-266　　　　　　　　　　　　　　　　　　图 3-267

3.3.3　膨胀

使用"膨胀"变形器可以对绘制的参数化对象进行局部放大或局部缩小，如图 3-268 所示。"属性"面板中会显示膨胀对象的属性，其常用的属性位于"对象""衰减"两个选项卡内。在"对象"面板中将"膨胀"变形器设置为修改对象的子级，这样才可以对该对象进行膨胀操作，效果如图 3-269 所示。

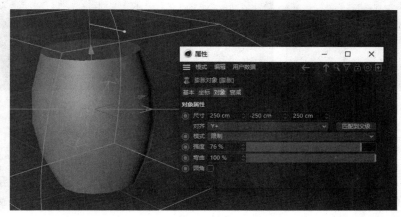

图 3-268　　　　　　　　　　　　　　　　　　　　图 3-269

3.3.4　锥化

使用"锥化"变形器可以对绘制的参数化对象进行锥化变形，使其部分缩小，如图 3-270 所示。"属性"面板中会显示锥化对象的属性，其常用的属性位于"对象""衰减"两个选项卡内。在"对象"面板中将"锥化"变形器设置为修改对象的子级，这样才可以对该对象进行锥化操作，效果如图 3-271 所示。

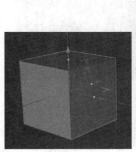

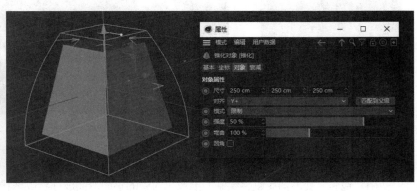

图 3-270　　　　　　　　　　　　　　　　　　　　图 3-271

3.3.5　扭曲

使用"扭曲"变形器可以对绘制的参数化对象进行扭曲变形，使其扭曲成需要的角度，如图 3-272 所示。"属性"面板中会显示扭曲对象的属性，其常用的属性位于"对象""衰减"两个选项卡内。在"对象"面板中将"扭曲"变形器设置为修改对象的子级，这样才可以对该对象进行扭曲操作，效果如图 3-273 所示。

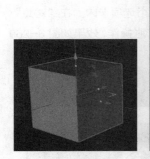
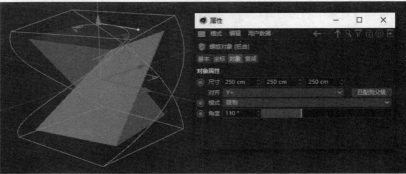

图 3-272   图 3-273

3.3.6　FFD

使用"FFD"变形器可以在绘制的参数化对象外部形成晶格，在"点"模式下调整晶格上的控制点，可以调整参数化对象的形状，如图 3-274 所示。"属性"面板中会显示晶格的属性，其常用的属性位于"对象"选项卡内。在"对象"面板中将"FFD"变形器设置为修改对象的子级，这样就可以对该对象进行变形操作，效果如图 3-275 所示。

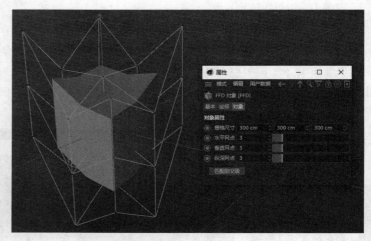

图 3-274   图 3-275

3.3.7　包裹

使用"包裹"变形器可以将绘制的参数化对象的平面弯曲成柱状或球状，如图 3-276 所示。"属性"面板中会显示包裹对象的属性，在其中可以调整包裹的起始位置和结束位置，其常用的属性位于"对象""衰减"两个选项卡内。在"对象"面板中将"包裹"变形器设置为修改对象的子级，这样才可以对该对象进行变形操作，效果如图 3-277 所示。

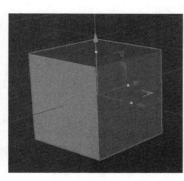

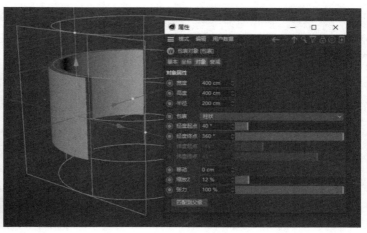

图 3-276　　　　　　　　　　　　　　　　图 3-277

3.3.8　课堂案例——制作纽带模型

制作纽带模型

【案例学习目标】使用变形器制作纽带模型。

【案例知识要点】使用"样条画笔"工具 绘制路径，使用"地形"工具 创建纹理，使用"样条约束"工具 和"细分曲面"工具 制作纽带效果。最终效果如图 3-278 所示。

【效果所在位置】云盘\Ch03\制作纽带模型\工程文件.c4d。

（1）启动 Cinema 4D S24。单击"编辑渲染设置"按钮 ，弹出"渲染设置"对话框。在"输出"选项组中设置"宽度"为 50 厘米，"高度"为 35 厘米，分辨率为 300 像素/英寸，如图 3-279 所示，单击"关闭"按钮，关闭对话框。

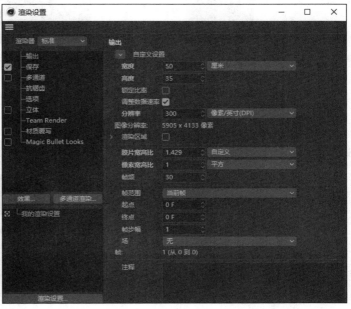

图 3-278　　　　　　　　　　　　　　　　图 3-279

（2）选择"样条画笔"工具 ✐，在视图窗口中适当的位置分别单击，创建 7 个节点，效果如图 3-280 所示。在绘制的样条上单击鼠标右键，在弹出的快捷菜单中选择"断开点连接"命令，在"对象"面板中生成一个"样条"对象，如图 3-281 所示。

图 3-280 图 3-281

（3）选择"实时选择"工具 ⊙，在视图窗口中选中需要的节点，如图 3-282 所示。在"坐标"面板的"位置"选项组中设置"X"为-94cm，"Y"为 293.5cm，"Z"为 0cm，如图 3-283 所示，确定节点的具体位置。在视图窗口中选中需要的节点，如图 3-284 所示。在"坐标"面板的"位置"选项组中设置"X"为-128cm，"Y"为 314cm，"Z"为 0cm，如图 3-285 所示，确定节点的具体位置。

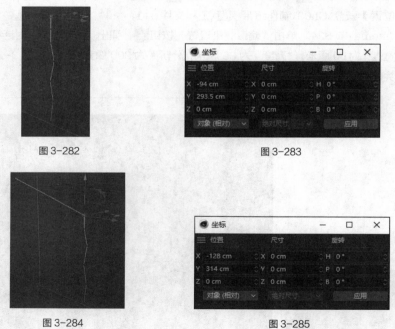

图 3-282 图 3-283

图 3-284 图 3-285

（4）选择"实时选择"工具 ⊙，在视图窗口中选中需要的节点，如图 3-286 所示。在"坐标"面板的"位置"选项组中设置"X"为-174cm，"Y"为 288cm，"Z"为 0cm，如图 3-287 所示，确定节点的具体位置。在视图窗口中选中需要的节点，如图 3-288 所示。在"坐标"面板的"位置"选项组中设置"X"为-148cm，"Y"为 252cm，"Z"为 0cm，如图 3-289 所示，确定节点的具体位置。

图 3-286

图 3-287

图 3-288

图 3-289

（5）选择"实时选择"工具 ，在视图窗口中选中需要的节点，如图 3-290 所示。在"坐标"面板的"位置"选项组中设置"X"为-114cm，"Y"为 228cm，"Z"为 0cm，如图 3-291 所示，确定节点的具体位置。在视图窗口中选中需要的节点，如图 3-292 所示。在"坐标"面板的"位置"选项组中设置"X"为-138.5cm，"Y"为 198cm，"Z"为 0cm，如图 3-293 所示，确定节点的具体位置。

图 3-290

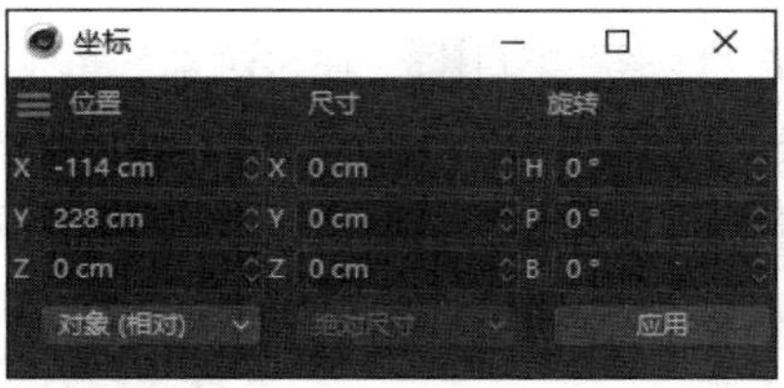

图 3-291

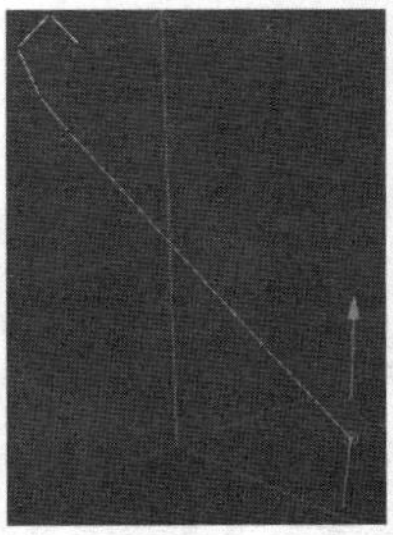

图 3-292

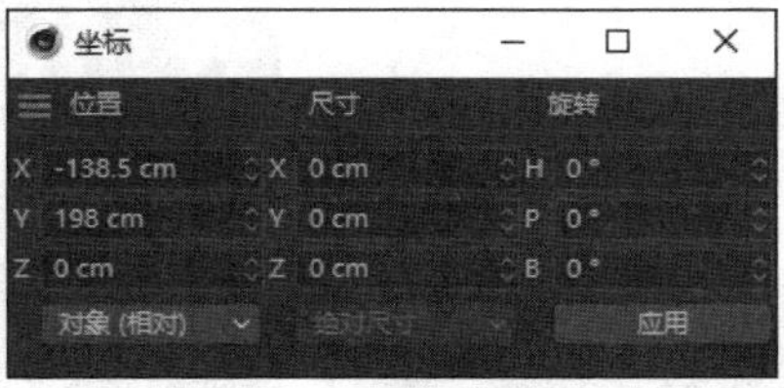

图 3-293

（6）在视图窗口中选中需要的节点，如图 3-294 所示。在"坐标"面板的"位置"选项组中设

置"X"为-190cm，"Y"为197cm，"Z"为0cm，如图3-295所示，确定节点的具体位置。视图
窗口中的效果如图3-296所示。

图3-294　　　　　　　　　图3-295　　　　　　　　　图3-296

（7）按Ctrl+A组合键将样条的节点全部选中，效果如图3-297所示。在视图窗口中单击鼠标右
键，在弹出的快捷菜单中选择"柔性差值"命令，效果如图3-298所示。选择"样条画笔"工具，
在视图窗口中分别拖曳各节点的控制手柄到适当的位置，效果如图3-299所示。

图3-297　　　　　　　　　图3-298　　　　　　　　　图3-299

（8）选择"地形"工具，在"对象"面板中生成一个地形对象，如图3-300所示。在"属性"
面板的"对象"选项卡中设置"尺寸"为34cm，4.25cm，510cm，设置"地平面"为76%，"随机"
为1，勾选"球状"复选框，如图3-301所示。视图窗口中的效果如图3-302所示。

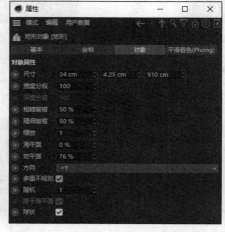

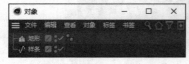

图3-300　　　　　　　　　图3-301　　　　　　　　　图3-302

（9）选择"样条约束"工具 ，在"对象"面板中生成一个样条约束对象，将样条约束对象拖曳到地形对象下方，如图 3-303 所示。选择"对象"面板中的样条对象，将其拖曳到"属性"面板"对象"选项卡中的"样条"下拉列表框中并设置"轴向"为-X，如图 3-304 所示。展开"尺寸"选项，按住 Ctrl 键在 x 轴上单击，添加节点，如图 3-305 所示。

图 3-303

图 3-304

图 3-305

（10）双击左侧节点，在弹出的文本框中输入"0.4"，如图 3-306 所示，调整节点的位置。分别拖曳各节点的控制手柄到适当的位置，如图 3-307 所示，调整形状粗细。视图窗口中的效果如图 3-308 所示。折叠"地形"对象组。

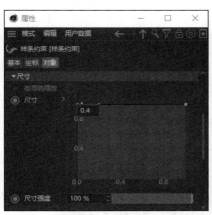

图 3-306

图 3-307

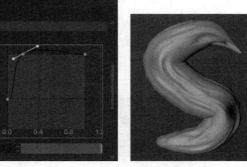

图 3-308

（11）选择"细分曲面"工具 ，在"对象"面板中生成一个细分曲面对象。将"地形"对象组拖曳到细分曲面对象下方，如图 3-309 所示。视图窗口中的效果如图 3-310 所示。在"对象"面板中框选所有的对象及对象组，如图 3-311 所示。

| 图 3-309 | 图 3-310 | 图 3-311 |

（12）按 Alt+G 组合键将选中的对象编组，将其重命名为 "S"，如图 3-312 所示。在 "属性" 面板的 "坐标" 选项卡中设置 "P.X" 为 545cm，"P.Y" 为 -105cm，"P.Z" 为 0cm，如图 3-313 所示。纽带模型制作完成。

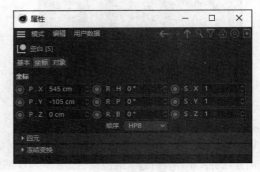

| 图 3-312 | 图 3-313 |

3.3.9 样条约束

"样条约束" 变形器是常用的变形器，用它可以将参数化对象约束到样条上，从而制作出路径动画效果。

在场景中创建一个 "样条约束" 变形器。创建一个样条对象和一个胶囊对象，在 "属性" 面板中进行设置，如图 3-314 所示，效果如图 3-315 所示。

| 图 3-314 | 图 3-315 |

在"对象"面板中将"样条约束"变形器设置为胶囊对象的
子级，如图 3-316 所示。将样条对象拖曳到"样条约束"变形器
的"属性"面板中"对象"选项卡的"样条"下拉列表框中，如
图 3-317 所示，效果如图 3-318 所示。

图 3-316

图 3-317

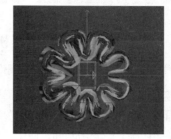

图 3-318

3.3.10 置换

使用"置换"变形器可以在"属性"面板中为"着色器"选项添加贴图，从而对绘制的参数化对
象进行变形操作，如图 3-319 所示，其常用的属性位于"对象""着色""衰减""刷新" 4 个选项卡
内。在"对象"面板中将"置换"变形器设置为修改对象的子级，这样才可以对该对象进行变形操作，
效果如图 3-320 所示。

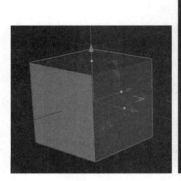

图 3-319

图 3-320

3.4 多边形建模

在 Cinema 4D S24 中，如果想对绘制的参数化对象进行编辑，需要将参数化对象转换为可编辑
对象。选中需要编辑的对象，选择模式工具栏中的"转为可编辑对象"工具，即可将选择的对象转
换为可编辑对象。

可编辑对象有 3 种编辑模式，分别为"点"模式 、"边"模式 和"多边形"模式 ，如图 3-321 所示。

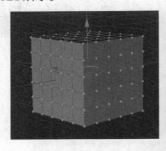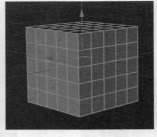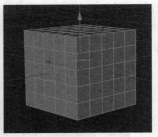

图 3-321

3.4.1　课堂案例——制作耳机模型

【案例学习目标】使用多边形建模制作耳机模型。

【案例知识要点】使用"圆柱体"工具 、"立方体"工具 和"布尔"工具 制作耳机，使用"封闭多边形孔洞"命令封闭多边形孔洞，使用"线性切割"命令和"循环切割"命令切割面，使用"框选"工具 选中需要的点，使用"焊接"命令焊接对象，使用"细分曲面"工具 制作细分曲面效果，使用"圆环"工具 和"放样"工具 制作耳塞部分。最终效果如图 3-322 所示。

【效果所在位置】云盘\Ch03\制作耳机模型\工程文件.c4d。

（1）启动 Cinema 4D S24。单击"编辑渲染设置"按钮 ，弹出"渲染设置"对话框。在"输出"选项组中设置"宽度"为 1242 像素，"高度"为 2208 像素，如图 3-323 所示，单击"关闭"按钮，关闭对话框。选择"圆柱体"工具 ，在"对象"面板中生成一个"圆柱体"对象，如图 3-324 所示。

图 3-322

图 3-323

图 3-324

（2）在"属性"面板的"对象"选项卡中设置"半径"为50cm，"高度"为10cm，"高度分段"为1，"旋转分段"为12，"方向"为+X，如图 3-325 所示；在"封顶"选项卡中，取消勾选"封顶"复选框，如图 3-326 所示。视图窗口中的效果如图 3-327 所示。

 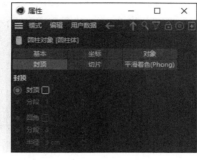 

图 3-325　　　　　　　　　　图 3-326　　　　　　　　　　图 3-327

（3）按 C 键，将"圆柱体"对象转为可编辑对象。选择"边"工具，切换为"边"模式。在视图窗口中双击需要的边将其选中，如图 3-328 所示。按住 Ctrl 键和鼠标左键并拖曳，复制选中的边，效果如图 3-329 所示。

（4）在"坐标"面板的"位置"选项组中设置"X"为18cm，"Y"为0cm，"Z"为0cm；在"尺寸"选项组中设置"X"为0cm，"Y"为80cm，"Z"为80cm，如图 3-330 所示。视图窗口中的效果如图 3-331 所示。

 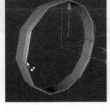  

图 3-328　　　　　　图 3-329　　　　　　　　图 3-330　　　　　　　　图 3-331

（5）按住 Ctrl 键和鼠标左键并拖曳，复制选中的边。在"坐标"面板的"位置"选项组中设置"X"为25cm，"Y"为0cm，"Z"为0cm；在"尺寸"选项组中设置"X"为0cm，"Y"为40cm，"Z"为40cm，如图 3-332 所示。视图窗口中的效果如图 3-333 所示。

 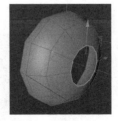

图 3-332　　　　　　　　　　图 3-333

（6）按住 Ctrl 键和鼠标左键并拖曳，复制选中的边。在"坐标"面板的"位置"选项组中设置"X"为30cm，"Y"为0cm，"Z"为0cm；在"尺寸"选项组中设置"X"为0cm，"Y"为0m，"Z"

为 0cm，如图 3-334 所示。视图窗口中的效果如图 3-335 所示。

（7）选择"立方体"工具 ，在"对象"面板中生成一个立方体对象，如图 3-336 所示。在"属性"面板的"对象"选项卡中设置"尺寸.X"为 75cm，"尺寸.Y"为 160cm，"尺寸.Z"为 40cm，勾选"圆角"复选框，设置"圆角半径"为 20cm，如图 3-337 所示；在"坐标"选项卡中设置"P.X"为 18cm，"P.Y"为-80cm，"P.Z"为 0cm，如图 3-338 所示。

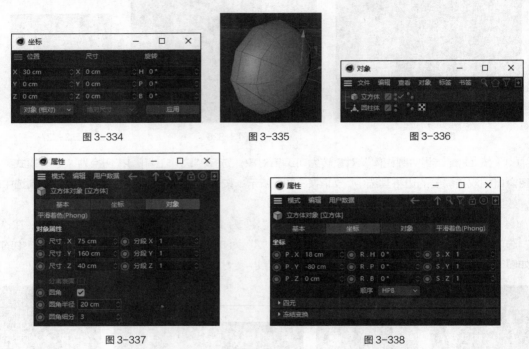

图 3-334　　　　　　　　　图 3-335　　　　　　　　　图 3-336

图 3-337　　　　　　　　　　　　　　图 3-338

（8）选择"转为可编辑对象"工具 ，将立方体对象转为可编辑对象。选择"点"工具 ，切换为"点"模式。按 F4 键，切换到正视图，如图 3-339 所示。选择"框选"工具 ，在视图窗口框选需要的点，如图 3-340 所示，按 Delete 键，将选中的点删除。使用相同的方法删除其他不需要的点，效果如图 3-341 所示。

（9）按 F1 键，切换到透视视图，如图 3-342 所示。在视图窗口中单击鼠标右键，在弹出的快捷菜单中选择"封闭多边形孔洞"命令，当鼠标指针变为 形状时，在要封闭的范围单击，如图 3-343 所示，封闭孔洞，效果如图 3-344 所示。使用相同的方法封闭其他面的孔洞，效果如图 3-345 所示。

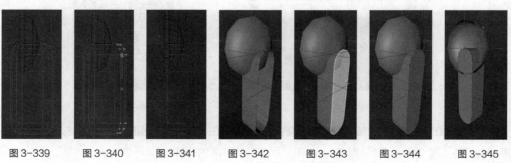

图 3-339　　　图 3-340　　　图 3-341　　　图 3-342　　　图 3-343　　　图 3-344　　　图 3-345

（10）选择"视窗独显"工具 ，在视图窗口中独显选中的对象。在视图窗口中单击鼠标右键，在弹出的快捷菜单中选择"线性切割"命令，在视图窗口中切割需要的面，效果如图 3-346 所示。使用相同的方法进行多次切割，效果如图 3-347 所示。使用相同的方法，为立方体背面添加同样的切割效果。再次单击"视窗独显"按钮 ，取消独显效果，视图窗口中的效果如图 3-348 所示。

（11）选择"布尔"工具 ，在"对象"面板中生成一个布尔对象。将圆柱体对象和立方体对象拖曳到"布尔"对象的下方，如图 3-349 所示，视图窗口中的效果如图 3-350 所示。

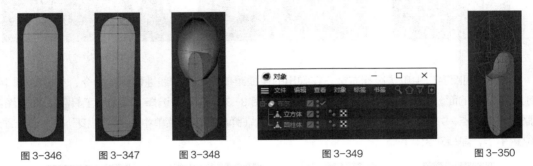

图 3-346　　　图 3-347　　　图 3-348　　　　　图 3-349　　　　　　图 3-350

（12）在"对象"面板中选中布尔对象。在"属性"面板的"对象"选项卡中设置"布尔类型"为"A 加 B"，勾选"创建单个对象"复选框，如图 3-351 所示，视图窗口中的效果如图 3-352 所示。

图 3-351

图 3-352

（13）选择"转为可编辑对象"工具 ，将"布尔"对象组转为可编辑对象。在"对象"面板中展开"布尔"对象组，如图 3-353 所示。选中立方体+圆柱体对象，将其拖曳到布尔对象的上方，将其重命名为"耳机"。选中布尔对象，按 Delete 键将其删除，如图 3-354 所示。

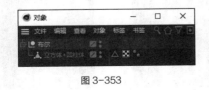

图 3-353

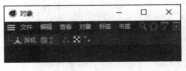

图 3-354

（14）选择"点"工具 ，切换为"点"模式。在视图窗口中单击鼠标右键，在弹出的快捷菜单中选择"线性切割"命令，在视图窗口中切割需要的面，效果如图 3-355 所示，按 Esc 键确定操作。

（15）选择"框选"工具▣，按住 Shift 键在视图窗口中框选需要的点，如图 3-356 所示。单击鼠标右键，在弹出的快捷菜单中选择"焊接"命令，在适当的位置单击，焊接两个点，效果如图 3-357所示。

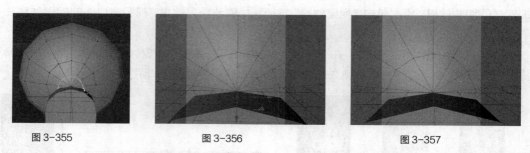

图 3-355　　　　　　　　图 3-356　　　　　　　　图 3-357

（16）在视图窗口中单击鼠标右键，在弹出的快捷菜单中选择"线性切割"命令，在视图窗口中分别切割需要的面，效果如图 3-358、图 3-359 和图 3-360 所示。选择"框选"工具▣，在视图窗口框选需要的点，如图 3-361 所示，单击鼠标右键，在弹出的快捷菜单中选择"焊接"命令，在适当的位置单击，焊接对象。

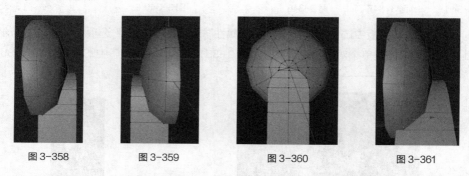

图 3-358　　　　　图 3-359　　　　　图 3-360　　　　　图 3-361

（17）在视图窗口中单击鼠标右键，在弹出的快捷菜单中选择"线性切割"命令，在"属性"面板中，取消勾选"仅可见"复选框，如图 3-362 所示，在视图窗口中拖曳鼠标指针进行切割，如图 3-363 所示，按 Esc 键确定操作，视图窗口中的效果如图 3-364 所示。

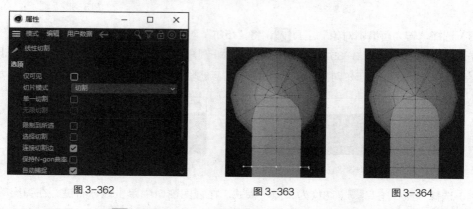

图 3-362　　　　　　　　图 3-363　　　　　　　图 3-364

（18）选择"移动"工具➕，选择"边"工具◣，切换为"边"模式。在视图窗口中双击需要的边，将其选中，如图 3-365 所示。按住 Ctrl 键和鼠标左键并拖曳，复制选中的边，如图 3-366 所示。

（19）在"坐标"面板的"位置"选项组中设置"X"为−74cm，"Y"为75cm，"Z"为0cm；在"尺寸"选项组中设置"X"为0cm，"Y"为47cm，"Z"为47cm，如图3−367所示。视图窗口中的效果如图3−368所示。

图 3-365　　　　图 3-366　　　　　　图 3-367　　　　　　　　图 3-368

（20）选择"缩放"工具，按住Ctrl键和鼠标左键并拖曳，复制并缩放选中的边。在"坐标"面板的"尺寸"选项组中设置"X"为0cm，"Y"为36cm，"Z"为36cm，如图3−369所示。视图窗口中的效果如图3−370所示。

 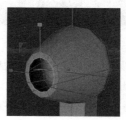

图 3-369　　　　　　　　　　　　图 3-370

（21）选择"移动"工具，按住Ctrl键和鼠标左键并拖曳，复制选中的边。在"坐标"面板的"位置"选项组中设置"X"为−95cm，"Y"为75cm，"Z"为0cm，如图3−371所示。视图窗口中的效果如图3−372所示。

 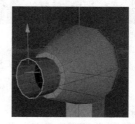

图 3-371　　　　　　　　　　　　图 3-372

（22）在视图窗口中单击鼠标右键，在弹出的快捷菜单中选择"循环切割"命令，在视图窗口中的适当位置单击，切割需要的面，在"属性"面板中设置"偏移"为9.821%，如图3−373所示。视图窗口中的效果如图3−374所示。

（23）在视图窗口中的适当位置单击，切割需要的面，在"属性"面板中设置"偏移"为50%，如图3−375所示。视图窗口中的效果如图3−376所示。

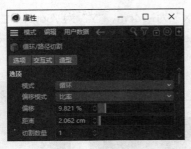

图 3-373

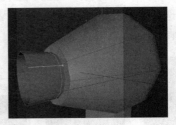

图 3-374

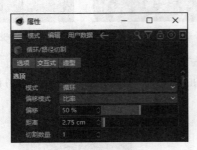

图 3-375

图 3-376

（24）在视图窗口中的适当位置单击，切割需要的面，在"属性"面板中设置"偏移"为 97.85%，如图 3-377 所示。视图窗口中的效果如图 3-378 所示。

图 3-377

图 3-378

（25）在视图窗口中的适当位置单击，切割需要的面，在"属性"面板中设置"偏移"为 92.755%，如图 3-379 所示。视图窗口中的效果如图 3-380 所示。

图 3-379

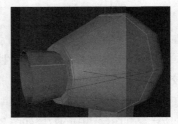

图 3-380

（26）选择"模型"工具 ，切换为"模型"模式。选择"细分曲面"工具 ，在"对象"面板中生成一个细分曲面对象。将耳机对象拖曳到细分曲面对象的下方，如图 3-381 所示。视图窗口中的效果如图 3-382 所示。

（27）选择"点"工具，切换为"点"模式。选择"移动"工具 ，在"对象"面板中选中耳机对象。按 Ctrl+A 组合键将耳机对象中的点全部选中，如图 3-383 所示。在视图窗口中单击鼠标右键，在弹出的快捷菜单中选择"优化"命令，优化对象。

图 3-381　　　　　　　图 3-382　　　　　　　图 3-383

（28）选择"圆环"工具 ，在"对象"面板中生成一个圆环对象，如图 3-384 所示。在"属性"面板的"对象"选项卡中设置"半径"为 16cm，如图 3-385 所示。在"坐标"选项卡中设置"P.X"为-51cm，"P.Y"为-5cm，"P.Z"为 0cm，"R.H"为-90°，如图 3-386 所示。

图 3-384

图 3-385

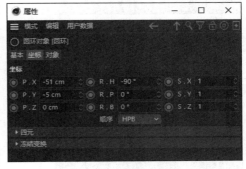

图 3-386

（29）在"对象"面板中，按住 Ctrl 键和鼠标左键向上拖曳圆环对象，松开鼠标左键，复制对象，此时自动生成一个圆环.1 对象，如图 3-387 所示。在"属性"面板的"对象"选项卡中设置"半径"为 20cm，如图 3-388 所示。在"坐标"选项卡中设置"P.X"为-63cm，如图 3-389 所示。

图 3-387

（30）在"对象"面板中，按住 Ctrl 键和鼠标左键向上拖曳圆环.1 对象，松开鼠标左键，复制对象，此时自动生成一个圆环.2 对象。在"属性"面板的"对象"选项卡中设置"半径"为 22cm，如图 3-390 所示。在"坐标"选项卡中设置"P.X"为-73cm，如图 3-391 所示。

（31）在"对象"面板中，按住 Ctrl 键和鼠标左键向上拖曳"圆环.2"对象，松开鼠标左键，复制对象，此时自动生成一个圆环.3 对象。在"属性"面板的"对象"选项卡中设置"半径"为 20cm，如图 3-392 所示。在"坐标"选项卡中设置"P.X"为-80cm，如图 3-393 所示。

<table>
<tr><td>图 3-388</td><td>图 3-389</td></tr>
<tr><td>图 3-390</td><td>图 3-391</td></tr>
<tr><td>图 3-392</td><td>图 3-393</td></tr>
</table>

（32）在"对象"面板中，按住 Ctrl 键和鼠标左键向上拖曳"圆环.3"对象，松开鼠标左键，复制对象，此时自动生成一个圆环.4 对象。在"属性"面板的"对象"选项卡中设置"半径"为 16cm，如图 3-394 所示。在"坐标"选项卡中设置"P.X"为-88cm，如图 3-395 所示。

（33）在"对象"面板中，按住 Ctrl 键和鼠标左键，向上拖曳圆环.4 对象，松开鼠标左键，复制对象，此时自动生成一个圆环.5 对象。在"属性"面板的"对象"选项卡中设置"半径"为 8cm，如图 3-396 所示。在"坐标"选项卡中设置"P.X"为-96cm，如图 3-397 所示。

（34）在"对象"面板中，按住 Ctrl 键和鼠标左键向上拖曳圆环.5 对象，松开鼠标左键，复制对象，此时自动生成一个圆环.6 对象。在"属性"面板的"对象"选项卡中设置"半径"为 21cm，如

图 3-398 所示。在 "坐标" 选项卡中设置 "P.X" 为-90cm, 如图 3-399 所示。

图 3-394

图 3-395

图 3-396

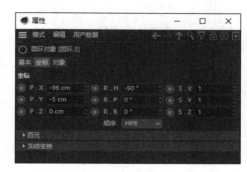

图 3-397

图 3-398

图 3-399

（35）在 "对象" 面板中, 按住 Ctrl 键和鼠标左键向上拖曳圆环.6 对象, 松开鼠标左键, 复制对象, 此时自动生成一个圆环.7 对象。在 "属性" 面板的 "对象" 选项卡中设置 "半径" 为 26cm, 如图 3-400 所示。在 "坐标" 选项卡中设置 "P.X" 为-80cm, 如图 3-401 所示。

（36）在 "对象" 面板中, 按住 Ctrl 键和鼠标左键, 向上拖曳 "圆环.7" 对象, 松开鼠标左键, 复制对象, 此时自动生成一个 "圆环.8" 对象。在 "属性" 面板的 "对象" 选项卡中设置 "半径" 为 24cm, 如图 3-402 所示; 在 "坐标" 选项卡中设置 "P.X" 为-62cm, 如图 3-403 所示。

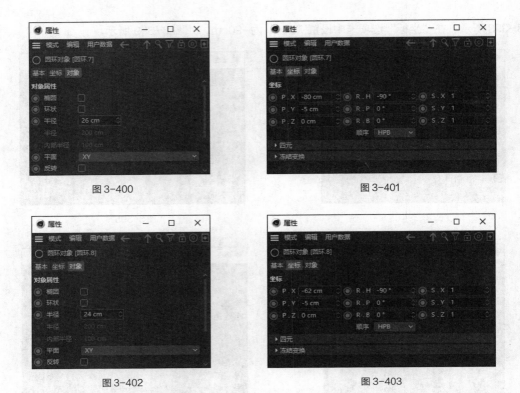

图 3-400　　　　　　　　　　　　　　　图 3-401

图 3-402　　　　　　　　　　　　　　　图 3-403

（37）在"对象"面板中，按住 Ctrl 键和鼠标左键，向上拖曳"圆环.8"对象，松开鼠标左键，复制对象，此时自动生成一个"圆环.9"对象。在"属性"面板的"对象"选项卡中设置"半径"为 19cm，如图 3-404 所示；在"坐标"选项卡中设置"P.X"为-53cm，如图 3-405 所示。

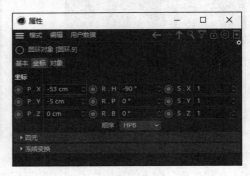

图 3-404　　　　　　　　　　　　　　　图 3-405

（38）视图窗口中的效果如图 3-406 所示。选择"放样"工具 ，在"对象"面板中生成一个放样对象。按住 Shift 键选中所有圆环样条，并将其拖曳到放样对象的下方，如图 3-407 所示，视图窗口中的效果如图 3-408 所示。折叠并选中"放样"对象组，在"属性"面板的"封盖"选项卡中取消勾选"起点封盖"复选框和"终点封盖"复选框，如图 3-409 所示。

（39）选择"空白"工具 ，在"对象"面板中生成一个空白对象，将其重命名为"右耳机"。框选需要的对象，如图 3-410 所示。将选中的对象拖曳到右耳机对象的下方，如图 3-411 所示。折叠并选中"右耳机"对象组，如图 3-412 所示。

图 3-406

图 3-407

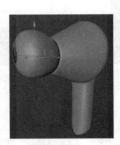

图 3-408

图 3-409

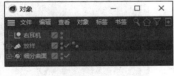

图 3-410

图 3-411

图 3-412

（40）在"属性"面板的"坐标"选项卡中设置"P.X"为 84cm，"P.Y"为 1674cm，"P.Z"为 −1068cm，"R.H"为−37°，"R.P"为 0°，"R.B"为−50°，如图 3-413 所示。视图窗口中的效果如图 3-414 所示。

（41）在"对象"面板中，按住 Ctrl 键和鼠标左键向上拖曳"右耳机"对象组，松开鼠标左键，复制对象，此时自动生成一个"右耳机.1"对象组，将其重命名为"左耳机"，如图 3-415 所示。

图 3-413

图 3-414

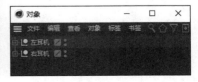

图 3-415

（42）在"属性"面板的"坐标"选项卡中设置"P.X"为−107cm，"P.Y"为 1722cm，"P.Z"为−1171cm，"R.H"为−28°，"R.P"为−190°，"R.B"为−162°，如图 3-416 所示。视图窗口中的效果如图 3-417 所示。

（43）选择"空白"工具 ，在"对象"面板中生成一个空白对象，将其重命名为"耳机"。框选需要的"左耳机"对象组和"右耳机"对象组，并将其拖曳到耳机对象的下方，折叠"耳机"对象组，如图 3-418 所示。耳机模型制作完成。

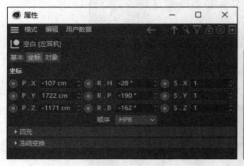
图 3-416

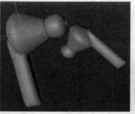
图 3-417

图 3-418

3.4.2　点模式

将需要编辑的参数化对象转换为可编辑对象后，在"点"模式 下选中参数化对象并单击鼠标右键，将弹出图 3-419 所示的快捷菜单，下面介绍其中常用的命令。

1.　封闭多边形孔洞

"封闭多边形孔洞"命令通常用于"点""边""多边形"模式下，使用该命令可以对参数化对象中的孔洞进行封闭操作。"属性"面板中可以设置多边形孔洞的属性，如图 3-420 所示。

2.　多边形画笔

"多边形画笔"命令通常用于"点""边""多边形"模式下，使用该命令不仅可以在多边形上连接任意的点、线和多边形，还可以绘制多边形。"属性"面板中可以设置多边形画笔的属性，如图 3-421 所示。

3.　倒角

"倒角"命令是多边形建模中常用的命令，使用该命令可以对选中的点进行倒角操作，从而生成新的边。"属性"面板中可以设置倒角对象的属性，如图 3-422 所示。

图 3-419

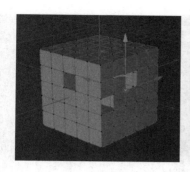

图 3-420

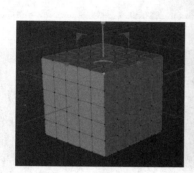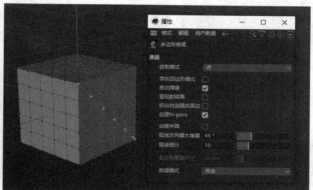

图 3-421

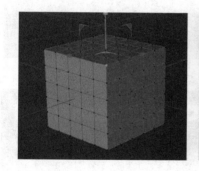

图 3-422

4. 线性切割

"线性切割"命令通常用于"点""边""多边形"模式下，使用该命令后单击并拖曳切割线，可以在参数化对象上分割出新的边。"属性"面板中可以设置线性切割的属性，如图 3-423 所示。

5. 循环/路径切割

"循环/路径切割"命令通常用于对循环封闭的对象表面进行切割，使用该命令可以沿着选中的点或边添加新的循环边。在"属性"面板中可以设置循环切割的属性，如图 3-424 所示。

6. 笔刷

"笔刷"命令通常用于"点""边""多边形"模式下，使用该命令可以对参数化对象上的点进行涂抹。"属性"面板中可以设置笔刷的属性，如图 3-425 所示。

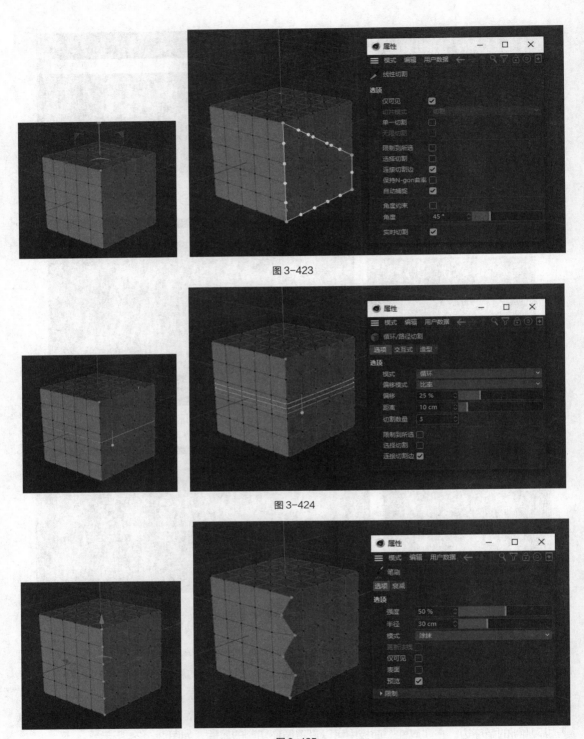

图 3-423

图 3-424

图 3-425

7. 滑动

"滑动"命令在"点"模式下只能对参数化对象上的点进行操作，此时在"属性"面板中可以设置点偏移的具体数值，如图 3-426 所示。该命令在"边"模式下则可以对多条边同时进行操作，且"属性"面板中增加了对应的属性。

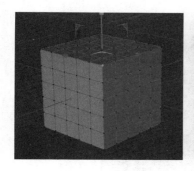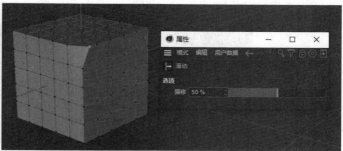

图 3-426

8. 克隆

"克隆"命令通常用于"点""多边形"模式下，使用该命令可以复制所选的点或面。"属性"面板中可以设置克隆的属性，如图 3-427 所示。

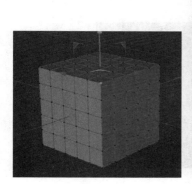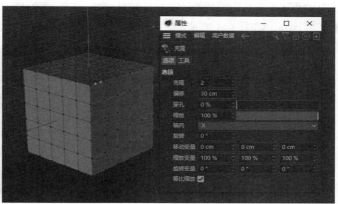

图 3-427

9. 缝合

"缝合"命令通常用于"点""边""多边形"模式下，使用该命令可以实现参数化对象中点与点、边与边及面与面的连接，如图 3-428 所示。

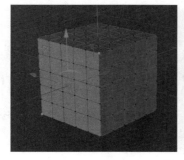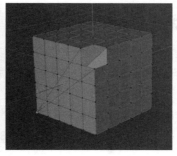

图 3-428

10. 焊接

"焊接"命令通常用于"点""边""多边形"模式下，使用该命令可以将参数化对象中多个点、边和面合并在指定的点上，如图 3-429 所示。

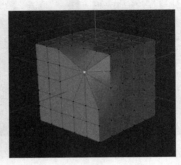

图 3-429

11. 消除

"消除"命令通常用于"点""边""多边形"模式下，使用该命令可以将参数化对象中不需要的点、边和面移除，从而形成新的多边形拓扑结构。应注意的是，消除不同于删除，消除不会使参数化对象产生孔洞，如图 3-430 所示。

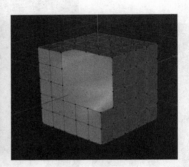

图 3-430

12. 优化

"优化"命令通常用于"点""边""多边形"模式下，使用该命令可以优化参数化对象，合并相邻但未焊接在一起的点，也可以消除多余的空闲点。另外，还可以通过设置"优化公差"来控制焊接范围。

3.4.3 边模式

将需要编辑的参数化对象转换为可编辑对象后，在"边"模式下选中参数化对象并单击鼠标右键，将弹出图 3-431 所示的快捷菜单，下面介绍其中常用的命令。

1. 提取样条

"提取样条"命令是多边形建模中常用的命令，在场景中选中需要的边，选择该命令可以把选中的边提取出来，并将其变成新的样条曲线，如图 3-432 所示。

创建点		M~A
对闭多边形孔洞		M~D
多边形画笔		M~E
倒角		M~S
桥接		M~B, B
挤压		M~T, D
切割边		M~F
连接点/边		M~M
线性切割		K~K, M~K
平面切割		K~J, M~J
循环/路径切割		K~L, M~L
旋转边		M~V
笔刷		M~C
磁铁		M~I
滑动		M~O
烘烤		M~G
设置点值		M~U
坍塌		U~C
缝合		M~P
焊接		M~Q
消除		M~N, Ctrl+BS, Ctrl+Del
断开连接...		U~D, U~Shift+D
融解		U~Z, Alt+BS, Alt+Del
优化...		U~O, U~Shift+O
提取样条		
断开平滑着色(Phong)		
恢复平滑着色(Phong)		
选择平滑着色(Phong)断开边		

图 3-431

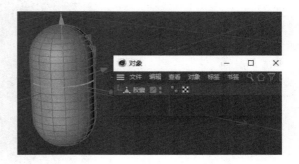

图 3-432

2. 选择平滑着色(Phong)断开边

"选择平滑着色(Phong)断开边"命令仅可在"边"模式下使用,该命令用于选中已经断开平滑着色的边,如图 3-433 所示。

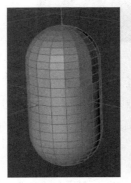

图 3-433

3.4.4 多边形模式

将需要编辑的参数化对象转换为可编辑对象后,在"多边形"模式下,选中参数化对象并单击鼠标右键,将弹出图 3-434 所示的快捷菜单。下面介绍其中常用的命令。

图 3-434

1. 挤压

"挤压"命令是多边形建模中常用的命令，可以在"点""边""多边形"模式下使用，通常用于"多边形"模式下，使用该命令可以将选中的面挤出或压缩。"属性"面板中可以设置挤压对象的属性，如图 3-435 所示。

2. 内部挤压

"内部挤压"命令同样是多边形建模中常用的命令，仅可在"多边形"模式下使用，使用该命令可以将选中的面向内挤压。"属性"面板中可以设置内部挤压对象的属性，如图 3-436 所示。

3. 沿法线缩放

"沿法线缩放"命令仅可在"多边形"模式下使用，使用该命令可以将选中的面在垂直于该面的法线平面上缩放。"属性"面板中可以设置缩放对象的属性，如图 3-437 所示。

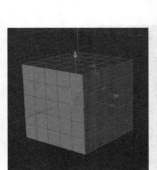
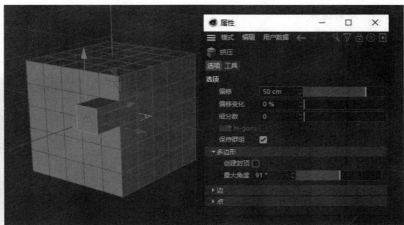

图 3-435

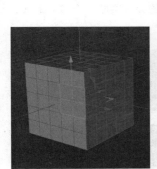
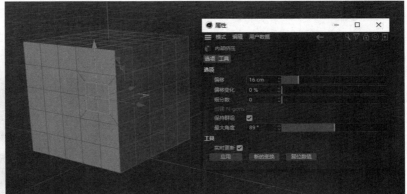

图 3-436

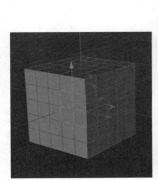
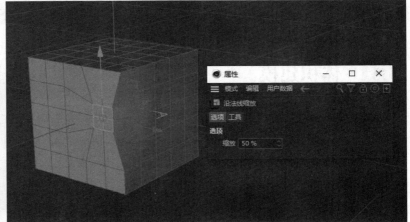

图 3-437

4. 反转法线

"反转法线"命令仅可在"多边形"模式下使用，使用该命令可以将选中面的法线反转，如图 3-438 所示。

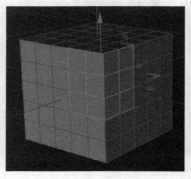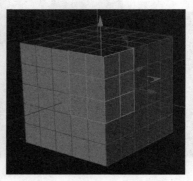

图 3-438

5. 分裂

"分裂"命令仅可在"多边形"模式下使用，使用该命令可以将选中的面分裂成一个独立的面，如图 3-439 所示。

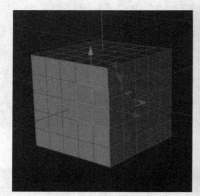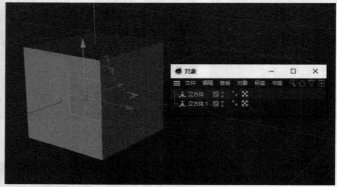

图 3-439

3.5 体积建模

使用体积建模工具可以使多个参数化对象或样条对象通过布尔运算组合成一个新对象，从而产生不同的效果。在制作异形模型时，灵活运用体积建模工具可使操作变得简便。长按工具栏中的"体积生成"工具 ，弹出图 3-440 所示的列表。

图 3-440

3.5.1 课堂案例——制作小熊模型

【案例学习目标】使用体积建模工具制作小熊模型。

【案例知识要点】使用"细分曲面"工具 对小熊身体进行细分，使用"体积生成"工具 和

"体积网格"工具使对象小熊身体更加平滑。最终效果如图 3-441 所示。

【效果所在位置】云盘\Ch03\制作小熊模型\工程文件.c4d。

（1）启动 Cinema 4D。单击"编辑渲染设置"按钮，弹出"渲染设置"对话框，在"输出"选项组中设置"宽度"为 1242 像素、"高度"为 2208 像素，单击"关闭"按钮，关闭对话框。选择"文件 > 合并项目"命令，在弹出的"打开文件"对话框中选择云盘中的"Ch03\制作小熊模型\素材\01.c4d"文件，单击"打开"按钮，打开文件。此时的"对象"面板如图 3-442 所示，视图窗口中的效果如图 3-443 所示。

制作小熊模型

图 3-441

图 3-442　　　　　　图 3-443

（2）选择"细分曲面"工具，在"对象"面板中依次生成细分曲面、细分曲面.1 和细分曲面.2 对象，如图 3-444 所示。

（3）将胳膊对象拖曳到细分曲面对象的下方，将腿对象拖曳到细分曲面.1 对象的下方，将身体对象拖曳细分曲面.2 对象的下方，如图 3-445 所示。分别将"细分曲面.2"对象组、"细分曲面.1"对象组和"细分曲面"对象组重命名为"身体细分""腿细分""胳膊细分"，如图 3-446 所示。

图 3-444

图 3-445

图 3-446

（4）选择"体积生成"工具，在"对象"面板中生成一个体积生成对象。将"身体细分"对象组、"腿细分"对象组和"胳膊细分"对象组都拖曳到体积生成对象的下方，如图 3-447 所示。

（5）选择"体积网格"工具，在"对象"面板中生成一个体积网格对象。将"体积生成"对象组拖曳到体积网格对象的下方，如图 3-448 所示。

图 3-447

图 3-448

（6）选中"体积生成"对象组，在"属性"面板的"对象"选项卡中设置"体素尺寸"为 2cm，在"名称"列表中选中所有的对象，如图 3-449 所示；单击面板下方的"SDF 平滑"按钮 ，在"名称"列表中添加一个 SDF 平滑对象，如图 3-450 所示。

（7）在"对象"面板中将"体积网格"对象组重命名为"小熊身体"，将其折叠，如图 3-451 所示。

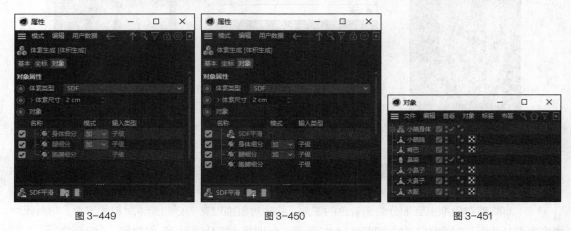

图 3-449　　　　　　　　　图 3-450　　　　　　　　　图 3-451

（8）选择"文件 > 合并项目"命令，在弹出的"打开文件"对话框中选择云盘中的"Ch03 \制作小熊模型\素材\02.c4d"文件，单击"打开"按钮，将选中的文件导入，"对象"面板如图 3-452 所示。视图窗口中的效果如图 3-453 所示。

（9）按 Ctrl+A 组合键，在"对象"面板中，将对象及对象组全部选中。按 Alt+G 组合键将选中的对象及对象组编组，将其重命名为"小熊"，如图 3-454 所示。小熊模型制作完成。

图 3-452

图 3-453

图 3-454

3.5.2　体积生成

使用"体积生成"工具 可以将多个对象通过"加""减""相交"3 种模式合并为一个新对象，

合并后的新对象效果更好，布线更均匀，但不能被渲染。"属性"面板中会显示新对象的属性，如图 3-455 所示。

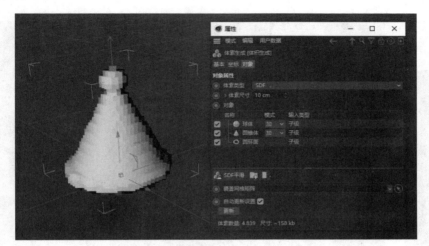

图 3-455

3.5.3　体积网格

"体积网格"工具用于为使用"体积生成"工具合并的对象添加网格，使其成为实体模型。为合并后的对象添加"体积网格"后，即可将其渲染输出。"属性"面板中会显示该对象的属性，如图 3-456 所示。

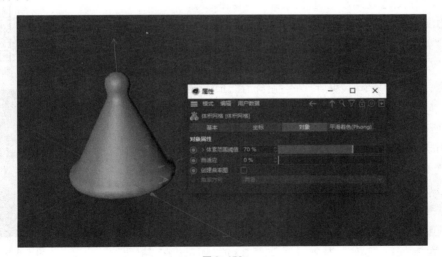

图 3-456

3.6　雕刻建模

Cinema 4D S24 的雕刻系统中预置了多种可以调整参数化对象的工具，以便用户制作出形态多样的模型，该系统较常用于制作液态模型。

在菜单栏中单击"界面"选项右侧的下拉按钮，在弹出的下拉列表中选择"Sculpt"选项，如图 3-457 所示，工作界面将切换为雕刻界面，如图 3-458 所示。

图 3-457　　　　　　　　　　　　　　　　　　　　　　　图 3-458

3.6.1　课堂案例——制作面霜模型

【案例学习目标】使用雕刻建模工具制作面霜模型。

【案例知识要点】使用"圆柱体"工具 制作瓶身，使用"平面"工具 、"包裹"工具 和"克隆"工具 制作瓶沿，使用"多边形画笔"命令、"布料曲面"工具 和"细分曲面"工具 调整褶皱，使用"地形"工具 、"扭曲"工具 、"锥化"工具 、"倒角"命令、"抓取"命令和"平滑"命令制作面霜。最终效果如图 3-459 所示。

制作面霜模型

【效果所在位置】云盘\Ch03\制作面霜模型\工程文件.c4d。

（1）启动 Cinema 4D S24。单击"编辑渲染设置"按钮 ，弹出"渲染设置"对话框，在"输出"选项组中设置"宽度"为 800 像素、"高度"为 800 像素，单击"关闭"按钮，关闭对话框。

（2）选择"圆柱体"工具 ，在"对象"面板中生成一个圆柱体对象，将其重命名为"内饰"。在"属性"面板的"对象"选项卡中设置"半径"为 20cm，"高度"为 20cm，如图 3-460 所示；在"封顶"选项卡中，勾选"圆角"复选框，设置"半径"为 3cm，如图 3-461 所示。

图 3-459

（3）在"坐标"面板的"位置"选项组中设置"X"为-78cm，"Y"为 89cm，"Z"为-224cm，如图 3-462 所示。视图窗口中的效果如图 3-463 所示。

图 3-460

图 3-461

图 3-462

图 3-463

（4）选择"圆柱体"工具 ，在"对象"面板中生成一个圆柱体对象，将其重命名为"瓶身"。在"属性"面板的"对象"选项卡中设置"半径"为 34cm，"高度"为 28cm，如图 3-464 所示。在"封顶"选项卡中，勾选"圆角"复选框，设置"分段"为 5，"半径"为 4cm，如图 3-465 所示。

图 3-464

图 3-465

（5）在"坐标"面板的"位置"选项组中设置"X"为 -78cm，"Y"为 89cm，"Z"为 -224cm，如图 3-466 所示。在"对象"面板中，用鼠标右键单击瓶身对象，在弹出的快捷菜单中选择"转为可编辑对象"命令，将其转为可编辑对象，如图 3-467 所示。

图 3-466

图 3-467

（6）选择"多边形"工具 ，切换为"多边形"模式。选择"选择 > 循环选择"命令，在视图窗口中选中需要的面，如图 3-468 所示。在视图窗口中单击鼠标右键，在弹出的快捷菜单中选择"挤压"命令，在"属性"面板中设置"偏移"为-1cm，如图 3-469 所示。

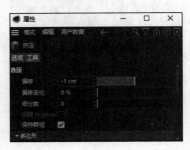

图 3-468　　　　　　　　　　　　　　　图 3-469

（7）选择"边"工具 ，切换为"边"模式。选择"选择 > 循环选择"命令，在视图窗口中选中需要的边，如图 3-470 所示。选择"选择 > 填充选择"命令，在视图窗口中选中需要的填充的对象，如图 3-471 所示。

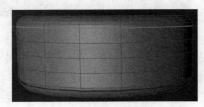

图 3-470　　　　　　　　　　　　　　　图 3-471

（8）选择"选择 > 设置选集"命令，将选中的填充对象设置为选集。选择"平面"工具 ，在"对象"面板中生成一个平面对象。在"属性"面板的"对象"选项卡中设置"宽度"为 400cm，"高度"为 20cm，"宽度分段"为 20，"高度分段"为 4，"方向"为+Z，如图 3-472 所示。

（9）用鼠标右键单击"平面"对象，在弹出的快捷菜单中选择"转为可编辑对象"命令，将其转为可编辑对象，如图 3-473 所示。

图 3-472　　　　　　　　　　　　　　　图 3-473

（10）选择"多边形"工具 ，切换为"多边形"模式。选择"选择 > 选择循环"命令，在视图窗口中选择需要的面，如图 3-474 所示。

（11）在"坐标"面板的"位置"选项组中设置"X"为 0cm，"Y"为 2.5cm，"Z"为-5cm；在"尺寸"选项组中设置"X"为 400cm，"Y"为 4cm，"Z"为 0cm。视图窗口中的效果如图 3-475 所示。

（12）选中平面对象，按住 Shift 键选择"包裹"工具 ，为平面对象添加包裹对象，如图 3-476 所示。

在"属性"面板的"对象"选项卡中设置"经度起点"为 0°，"移动"为 20cm，如图 3-477 所示。

图 3-474

图 3-475

图 3-476

图 3-477

（13）选中平面对象，按住 Alt 键选择"克隆"工具，为平面对象添加克隆对象，如图 3-478 所示。在"属性"面板的"对象"选项卡中设置"模式"为"线性"，"位置.Y"为 20cm，如图 3-479 所示。

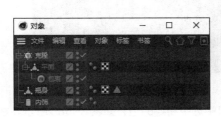

图 3-478

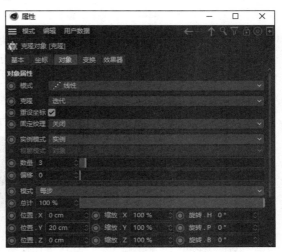

图 3-479

（14）用鼠标右键单击"克隆"对象组，在弹出的快捷菜单中选择"连接对象+删除"命令，将"克隆"对象组进行连接，如图 3-480 所示。视图窗口中的效果如图 3-481 所示。

图 3-480

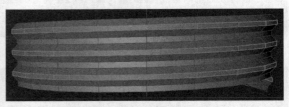

图 3-481

（15）按 Ctrl+A 组合键选中所有的面，如图 3-482 所示。在视图窗口中单击鼠标右键，在弹出的快捷菜单中选择"反转法线"命令，效果如图 3-483 所示。

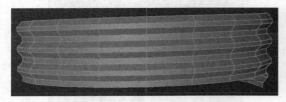

图 3-482

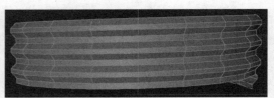

图 3-483

（16）选择"边"工具，切换为"边"模式。选择"选择 > 循环选择"命令，在视图窗口中选择需要的边，如图 3-484 所示。选择"移动"工具，按住 Ctrl 键拖曳 y 轴，在"坐标"面板的"位置"选项组中设置"Y"为 90cm；在"尺寸"选项组中设置"Y"为 0cm，如图 3-485 所示。

图 3-484

图 3-485

（17）选择"选择 > 循环选择"命令，在视图窗口中选择需要的边，如图 3-486 所示。选择"移动"工具，按住 Ctrl 键拖曳 y 轴，在"坐标"面板的"位置"选项组中设置"Y"为-30cm；在"尺寸"选项组中设置"Y"为 0cm，如图 3-487 所示。

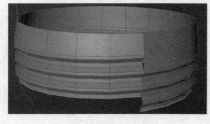

图 3-486

图 3-487

（18）选择"移动"工具，按住 Shift 键在视图窗口中选中需要的边，如图 3-488 所示。在视图窗口中单击鼠标右键，在弹出的快捷菜单中选择"滑动"命令，在"属性"面板中设置"偏移"为 7cm，勾选"克隆"复选框，如图 3-489 所示。视图窗口中的效果如图 3-490 所示。

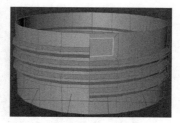

图 3-488 　　　　　　　　　　　　　图 3-489 　　　　　　　　　　　　　图 3-490

（19）在"属性"面板的"工具"选项卡中单击"新的变换"按钮，选择"点"工具，切换为"点"模式，视图窗口中的效果如图 3-491 所示。在视图窗口中单击鼠标右键，在弹出的快捷菜单中选择"多边形画笔"命令，移动节点的位置，效果如图 3-492 所示。用相同的方法移动其他节点到适当的位置，效果如图 3-493 所示。

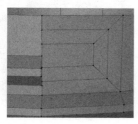
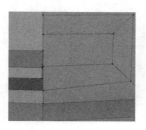
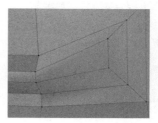

图 3-491 　　　　　　　　　　　　　图 3-492 　　　　　　　　　　　　　图 3-493

（20）选择"移动"工具，在视图窗口中选中需要的节点，如图 3-494 所示。拖曳 y 轴到适当的位置，效果如图 3-495 所示。用相同的方法调整其他节点到适当的位置，效果如图 3-496 所示。

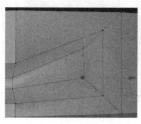
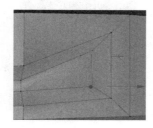
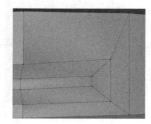

图 3-494 　　　　　　　　　　　　　图 3-495 　　　　　　　　　　　　　图 3-496

（21）按住 Shfit 键选中需要的节点，如图 3-497 所示。调整视图的显示角度，效果如图 3-498 所示。拖曳 z 轴到适当的位置，效果如图 3-499 所示。

（22）调整视图的显示角度，效果如图 3-500 所示。选中需要的节点，如图 3-501 所示，拖曳 y 轴到适当的位置，效果如图 3-502 所示。

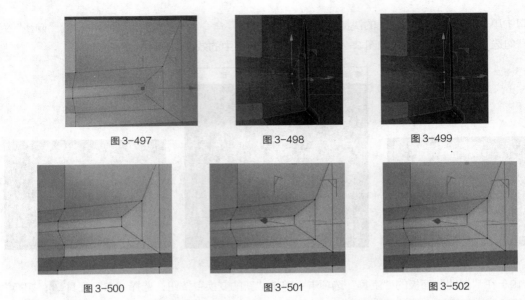

图 3-497 图 3-498 图 3-499

图 3-500 图 3-501 图 3-502

（23）按住 Shift 键选中需要的节点，如图 3-503 所示。拖曳 x 轴到适当的位置，效果如图 3-504 所示。用相同的方法调整其他节点到适当的位置，效果如图 3-505 所示。

图 3-503 图 3-504 图 3-505

（24）调整视图的显示角度，如图 3-506 所示。按住 Shift 键选中需要的节点，如图 3-507 所示。拖曳 x 轴到适当位置，效果如图 3-508 所示。

图 3-506 图 3-507 图 3-508

（25）用上述的方法制作出图 3-509 所示的效果。按 Ctrl+A 组合键将全部节点选中，如图 3-510 所示。

（26）在视图窗口中单击鼠标右键，在弹出的快捷菜单中选择"优化"命令，优化节点。选择"边"工具 ，切换为"边"模式。选择"选择 > 循环选择"命令，在视图窗口中选中需要的边，如图 3-511 所示。

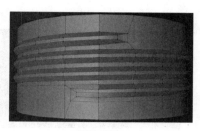
图 3-509

图 3-510

（27）在视图窗口中单击鼠标右键，在弹出的快捷菜单中选择"倒角"命令，在"属性"面板的"工具选项"选项卡中设置"偏移"为 0.5cm，"细分"为 1，如图 3-512 所示；在"拓扑"选项卡中设置"斜角"为"均匀"，如图 3-513 所示。

图 3-511

图 3-512

图 3-513

（28）选择"多边形"工具 ，切换为"多边形"模式。选择"网格 > 轴心 > 轴居中到对象"命令，使轴与对象的中点对齐。选中"克隆"对象，在"坐标"面板的"位置"选项组中设置"X"为 -78cm，"Y"为 105cm，"Z"为 -225cm；在"尺寸"选项组中设置"X"为 58cm、"Y"为 10cm、"Z"为 58cm，如图 3-514 所示。视图窗口中的效果如图 3-515 所示。

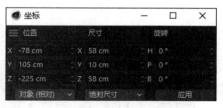
图 3-514

图 3-515

（29）选中"克隆"对象，按住 Alt 键选择"布料曲面"工具 ，为"克隆"对象添加布料曲面，如图 3-516 所示。在"属性"面板的"对象"选项卡中设置"细分数"为 0，"厚度"为 -0.5cm，如图 3-517 所示。

（30）选中"布料曲面"对象组，按住 Alt 键选择"细分曲面"工具 ，为"布料曲面"对象组添加细分曲面，如图 3-518 所示。在"属性"面板的"对象"选项卡中设置"编辑器细分"为 3、"渲染器细分"为 3，如图 3-519 所示。将"细分曲面"对象组重命名为"螺旋"。

（31）选择"地形"工具 ，在"对象"面板中生成一个"地形"对象。在"属性"面板的"对象"选项卡中设置"尺寸"为 600cm、220cm、600cm，设置"粗糙皱褶"为 20%，"精细皱褶"为 20%，勾选"球状"复选框，如图 3-520 所示。

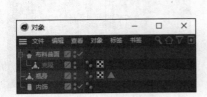

图 3-516

图 3-517

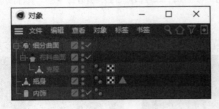

图 3-518

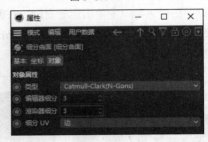

图 3-519

（32）用鼠标右键单击地形对象，在弹出的快捷菜单中选择"转为可编辑对象"命令，将其转为可编辑对象，如图 3-521 所示。

图 3-520

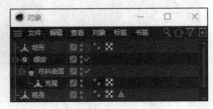

图 3-521

（33）选中地形对象，按住 Shift 键选择"扭曲"工具，为地形对象添加扭曲，如图 3-522 所示。在"属性"面板的"对象"选项卡中设置"角度"为 360°，如图 3-523 所示。

（34）选中地形对象，按住 Shift 键选择"锥化"工具，为地形对象添加锥化，如图 3-524 所示。在"属性"面板的"对象"选项卡中设置"强度"为 90%，如图 3-525 所示。

（35）用鼠标右键单击"地形"对象组，在弹出的快捷菜单中选择"连接对象+删除"命令，将地形对象组进行连接，如图 3-526 所示。选中地形对象，在"属性"面板的"位置"选项组中设置"X"为-79cm，"Y"为 109cm，"Z"为-225cm；在"尺寸"选项组中设置"X"为 54cm，"Y"为 33cm，"Z"为 55cm，如图 3-527 所示。

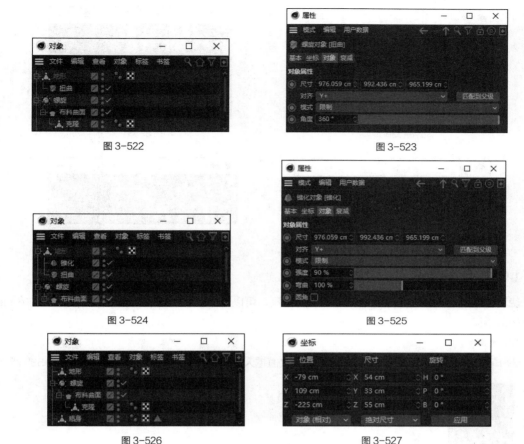

图 3-522   图 3-523

图 3-524   图 3-525

图 3-526   图 3-527

（36）选择"网格 ＞ 笔刷 ＞ 抓取"命令，在视图窗口中拖曳鼠标指针调整面霜的形状，效果如图 3-528 所示。选择"网格 ＞ 笔刷 ＞ 平滑"命令，在视图窗口中拖曳鼠标指针调整面霜的平滑度，效果如图 3-529 所示。

图 3-528   图 3-529

（37）选择"空白"工具 ，在"对象"面板中生成一个空白对象，将其重命名为"组合"。框选需要的对象及对象组，如图 3-530 所示。将选中的对象及对象组拖曳到组合对象的下方，如图 3-531 所示。折叠"组合"对象组。

（38）选中"组合"对象组，按住 Alt 键选择"细分曲面"工具 ，为"组合"对象组添加细分曲面，如图 3-532 所示。将"细分曲面"对象组重命名为"面霜"，如图 3-533 所示。面霜模型制作完成。

图 3-530

图 3-531

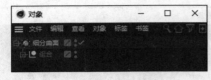

图 3-532

图 3-533

3.6.2　笔刷

使用 Cinema 4D S24 雕刻系统中预置的笔刷，可以对参数化对象进行多种操作，常用的笔刷如图 3-534 所示。

1.　细分

细分笔刷用于设置参数化对象的细分数量，数值越大，参数化对象中的网格越多，如图 3-535 所示。

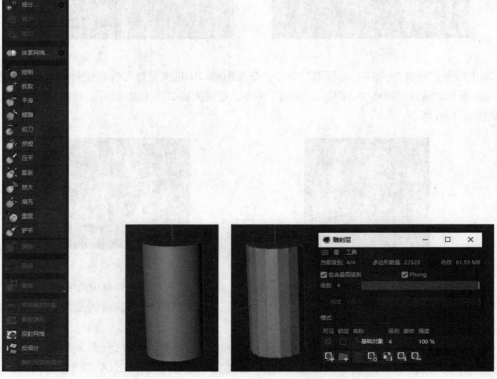

图 3-534　　　　　　　　　　　　　　图 3-535

2. 减少

减少笔刷用于减少参数化对象的网格数量，如图 3-536 所示。

图 3-536

3. 增加

增加笔刷用于增加参数化对象的网格数量，如图 3-537 所示。

图 3-537

4. 抓取

抓取笔刷用于拖曳选中的参数化对象，如图 3-538 所示。

5. 平滑

平滑笔刷用于使选中的点之间的连线变得平滑，如图 3-539 所示。

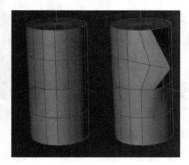
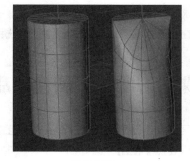

图 3-538   图 3-539

6. 切刀

切刀笔刷用于使参数化对象表面产生细小的褶皱，如图 3-540 所示。

7. 挤捏

挤捏笔刷用于将参数化对象的顶点挤在一起，如图 3-541 所示。

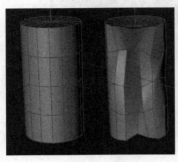 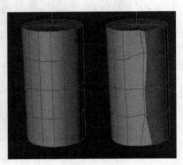

图 3-540　　　　　　　　　　　　　图 3-541

8. 膨胀

膨胀笔刷用于沿着参数化对象的法线方向移动点，如图 3-542 所示。

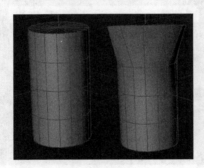

图 3-542

3.7　课堂练习——制作主图场景模型

制作主图场景模型

【练习学习目标】使用参数化工具制作主图场景模型。

【练习知识要点】使用"平面"工具 制作地面和背景，使用"圆柱体"工具 和"球体"工具 制作底座和装饰球。最终效果如图 3-543 所示。

【效果所在位置】云盘\Ch03\制作主图场景模型\工程文件.c4d。

3.8　课后习题——制作甜甜圈模型

图 3-543

【习题学习目标】使用参数化工具和笔刷工具制作甜甜圈模型。

【习题知识要点】使用"圆环面"工具 制作甜甜圈，使用"分裂"命令、"多边形画笔"命令、"细分"工具 、"抓取"工具 、"膨胀"工具 、"平滑"工具 和"切刀"工具 制作奶油和凹

陷效果，使用"胶囊"工具、"克隆"工具和"随机"工具制作碎屑。最终效果如图 3-544
所示。

图 3-544

制作甜甜圈模型

【效果所在位置】云盘\Ch03\制作甜甜圈模型\工程文件.c4d。

04

第 4 章
Cinema 4D 灯光技术

本章介绍

　　Cinema 4D 中的灯光用于为创建的三维模型添加合适的照明效果。合适的灯光可以让模型产生阴影、投影及光度等效果，使模型的显示效果更加真实、生动。本章将对 Cinema 4D S24 中的灯光类型、灯光设置及灯光的使用方法等进行系统讲解。通过本章的学习，读者可以对 Cinema 4D 中的灯光技术有一个全面的认识，并能掌握常用光影效果的制作方法与技巧。

学习目标

知识目标	能力目标	素质目标
1. 熟悉常用的灯光类型 2. 掌握常用的灯光设置	1. 掌握三点布光法 2. 掌握两点布光法	1. 培养锐意进取的工匠精神 2. 培养对光影效果的审美能力

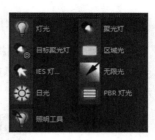

图 4-1

4.1 灯光类型

Cinema 4D S24 中预置了多种类型的灯光，用户可以通过在"属性"面板中调整相关属性来改变灯光的效果。

长按工具栏中的"灯光"工具 💡，弹出灯光列表，如图 4-1 所示。在灯光列表中单击需要创建的灯光图标，即可在视图窗口中创建相应的灯光对象。

4.1.1 灯光

灯光是一个点光源，是最常用的灯光类型之一，其光线可以从单一的点向多个方向发射，光照效果类似于日常生活中的灯泡，如图 4-2 所示。

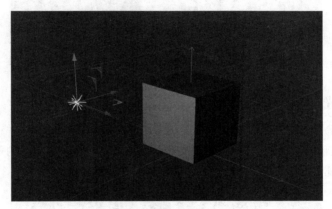

图 4-2

4.1.2 聚光灯

聚光灯的光线可以向一个方向发射，从而形成锥形照射区域，照射区域外的对象不受灯光的影响，光照效果类似于日常生活中的探照灯，如图 4-3 所示。

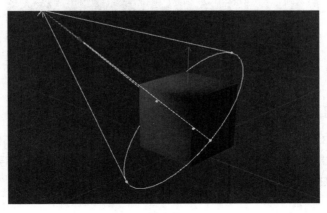

图 4-3

4.1.3　目标聚光灯

目标聚光灯的光线同样可以向一个方向发射，从而形成锥形照射区域，照射区域外的对象不受灯光的影响。目标聚光灯有一个目标点，可以调整光线的方向，用起来十分方便快捷，如图 4-4 所示。

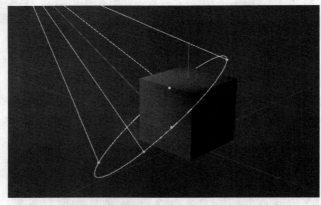

图 4-4

4.1.4　区域光

区域光是一个面光源，其光线可以从一个区域向多个方向发射，从而形成一个规则的照射平面。区域光的光源具有柔和的特点，光照效果类似于日常生活中通过反光板反射出的光照效果。在 Cinema 4D S24 中，默认创建的区域光是一个矩形区域，如图 4-5 所示。

图 4-5

4.1.5　IES 灯光

在 Cinema 4D S24 中，用户可以使用预置的多种 IES 灯光文件来产生不同的光照效果。选择"窗口 > 资产浏览器"命令，在弹出的"资产浏览器"对话框中下载并选中需要的 IES 灯光文件，如图 4-6 所示，将其拖曳到视图窗口中，效果如图 4-7 所示。

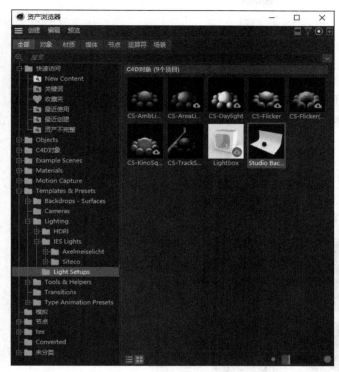

图 4-6

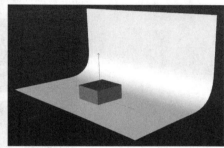

图 4-7

4.1.6 无限光

无限光是一种具有方向性的灯光，其光线可以沿特定的方向平行传播，且没有距离的限制，光照效果类似于日常生活中的太阳，如图 4-8 所示。

4.1.7 日光

日光同样是一种具有方向性的灯光，常用于模拟太阳光，如图 4-9 所示。

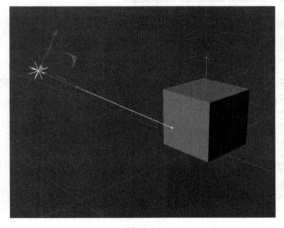

图 4-8

图 4-9

4.2 灯光设置

在场景中创建灯光后，"属性"面板中会显示该灯光对象的属性，其常用的属性位于"常规""细节""可见""投影""光度""焦散""噪波""镜头光晕""工程" 9 个选项卡内。

4.2.1 常规

在场景中创建灯光后，在"属性"面板中选择"常规"选项卡，如图 4-10 所示。该选项卡主要用于设置灯光对象的基本属性，包括"颜色""类型""投影"等。

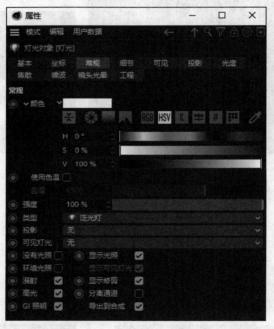

图 4-10

4.2.2 细节

在场景中创建灯光后，在"属性"面板中选择"细节"选项卡，如图 4-11 所示。根据创建的灯光类型的不同，该选项卡中的属性也会发生变化。除区域光外，其他几类灯光的"细节"选项卡中所包含的属性总体比较相似，但部分属性有些不同。该选项卡主要用于设置灯光对象的"对比"和"投影轮廓"等属性。

在场景中创建区域光后，在属性面板中选择"细节"选项卡，如图 4-12 所示。该选项卡主要用于设置灯光对象的"形状"和"采样"等属性。

图 4-11

图 4-12

4.2.3 可见

在场景中创建灯光后，在"属性"面板中选择"可见"选项卡，如图 4-13 所示。该选项卡主要用于设置灯光对象的"衰减"和"颜色"等属性。

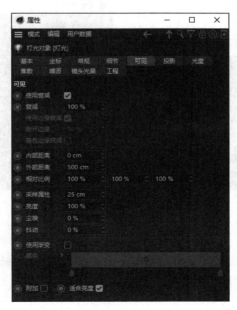

图 4-13

4.2.4　投影

　　在场景中创建灯光后，在"属性"面板中选择"投影"选项卡。每种灯光都有 4 种投影方式，依次为"无""阴影贴图(软阴影)""光线跟踪(强烈)""区域"，如图 4-14 所示。该选项卡主要用于设置灯光对象的"投影"属性。

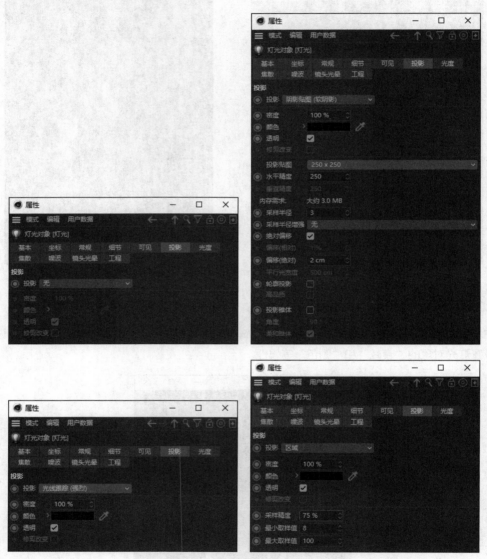

图 4-14

4.2.5　光度

　　在场景中创建灯光后，在"属性"面板中选择"光度"选项卡，如图 4-15 所示。该选项卡主要用于设置灯光对象的"光度强度"等属性。

图 4-15

4.2.6　焦散

在场景中创建灯光后，在"属性"面板中选择"焦散"选项卡，如图 4-16 所示。该选项卡主要用于设置灯光对象的"表面焦散"及"体积焦散"等属性。

图 4-16

4.2.7　噪波

在场景中创建灯光后，在"属性"面板中选择"噪波"选项卡，如图 4-17 所示。该选项卡主要用于设置灯光对象的"噪波"属性，从而生成特殊的光照效果。

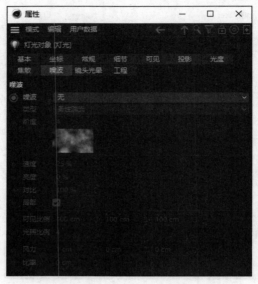

图 4-17

4.2.8 镜头光晕

　　在场景中创建灯光后，在"属性"面板中选择"镜头光晕"选项卡，如图 4-18 所示。该选项卡主要用于模拟日常生活中用摄像机拍摄时产生的光晕效果，可以增强画面的氛围感，适用于深色背景。

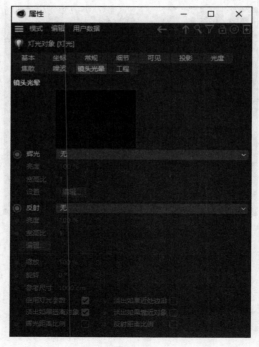

图 4-18

4.2.9　工程

在场景中创建灯光后，在"属性"面板中选择"工程"选项卡，如图 4-19 所示。该选项卡主要用于设置灯光对象的"模式"和"对象"属性，可以使灯光单独照亮某个对象，也可以不照亮某个对象。

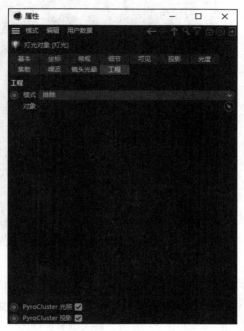

图 4-19

4.3 使用灯光

在日常生活中，我们看到的光基本为太阳光或各种照明设备产生的光。在 Cinema 4D 中，灯光可以用来照明场景，也可以用来烘托气氛，因此，灯光是表现场景效果的重要工具。在设计与制作灯光的过程中，可以组合使用 Cinema 4D 中预置的灯光，以便提高工作效率。

4.3.1　课堂案例——运用三点布光法照亮场景

运用三点布光法
照亮场景

【案例学习目标】使用灯光工具制作三点光照效果。

【案例知识要点】使用"合并项目"命令导入素材文件，使用"区域光"工具 ▣ 添加灯光，使用"属性"面板设置灯光参数。最终效果如图 4-20 所示。

【效果所在位置】云盘\Ch04\运用三点布光法照亮场景\工程文件.c4d。

（1）启动 Cinema 4D S24。单击"编辑渲染设置"按钮 ⚙，弹出"渲染设置"对话框。在"输出"选项组中设置"宽度"为 750 像素，设置"高度"为 1106 像素，如图 4-21 所示，单击"关闭"按钮，关闭对话框。

图 4-20

图 4-21

（2）选择"文件 > 合并项目"命令，在弹出的"打开文件"对话框中选择云盘中的"Ch04 \运用三点布光法照亮场景\素材\01.c4d"文件，单击"打开"按钮，打开文件。在"对象"面板中，单击"摄像机"对象右侧的 按钮，如图 4-22 所示，进入摄像机视图。视图窗口中的效果如图 4-23 所示。

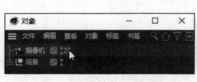

图 4-22

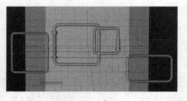

图 4-23

（3）选择"区域光"工具█，在"对象"面板中生成一个灯光对象，将其重命名为"主光源"，如图 4-24 所示。在"属性"面板的"常规"选项卡中设置"颜色"选项中的"H"为 23°，"S"为 30%、"V"为 94%，设置"强度"为 90%，如图 4-25 所示；在"细节"选项卡中设置"衰减"为"平方倒数(物理精度)"、"半径衰减"为 1000cm，如图 4-26 所示。

图 4-24

（4）在"坐标"选项卡中设置"P.X"为 0cm，"P.Y"为 138cm，"P.Z"为 1100cm，如图 4-27 所示。视图窗口中的效果如图 4-28 所示。

图 4-25

图 4-26

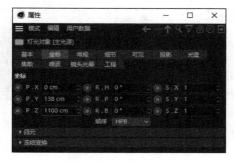

图 4-27

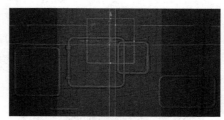

图 4-28

（5）选择"区域光"工具 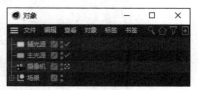，在"对象"面板中生成一个灯光对象，将其重命名为"辅光源"，如图 4-29 所示。在"属性"面板的"常规"选项卡中设置"颜色"选项中的"H"为 0°，"S"为 58%，"V"为 100%，设置"强度"为 45%，如图 4-30 所示；在"细节"选项卡中设置"衰减"为"平方倒数(物理精度)"，"半径衰减"为 1000cm，如图 4-31 所示。

图 4-29

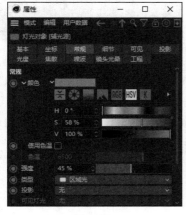

图 4-30

图 4-31

（6）在"坐标"选项卡中设置"P.X"为 449cm，"P.Y"为 348cm，"P.Z"为 265.5cm，如图 4-32 所示。视图窗口中的效果如图 4-33 所示。

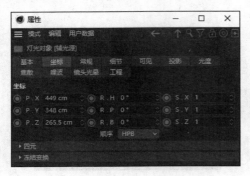
图 4-32

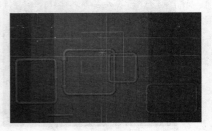
图 4-33

（7）选择"区域光"工具 ，在"对象"面板中生成一个灯光对象，将其重命名为"顶光源"，如图 4-34 所示。在"属性"面板的"常规"选项卡中设置"颜色"选项中的"H"为 29°，"S"为 35%，"V"为 100%，设置"强度"为 100%，如图 4-35 所示；在"细节"选项卡中设置"衰减"为"平方倒数(物理精度)"，"半径衰减"为 1000cm，如图 4-36 所示。

图 4-34

图 4-35

图 4-36

（8）在"坐标"选项卡中设置"P.X"为-41cm，"P.Y"为 800cm，"P.Z"为 42.5cm，如图 4-37 所示。视图窗口中的效果如图 4-38 所示。

（9）使用框选的方法，将"对象"面板中的灯光对象全部选中，按 Alt+G 组合键将选中的对象编组，将其重命名为"灯光"，如图 4-39 所示。运用三点布光法照亮场景制作完成。

图 4-37

图 4-38

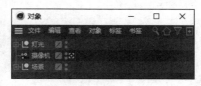

图 4-39

4.3.2 三点布光法

三点布光法又被称为区域照明法。为模拟现实中真实的光照效果，需要用多个灯光来照亮主体物。三点布光法通常是由在主体物一侧的主光源照亮场景，主体物对侧由较弱的辅光源照亮暗部，再由更弱的背光源照亮主体物的轮廓，如图 4-40 所示。这种布光方法适用于小范围的场景照明，如果场景很大，则需要将其拆分为多个较小的区域进行布光。

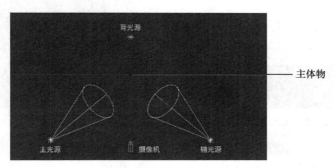

图 4-40

4.3.3 课堂案例——运用两点布光法照亮耳机

运用两点布光法
照亮耳机

【案例学习目标】使用灯光工具制作两点光照效果。

【案例知识要点】使用"合并项目"命令导入素材文件，使用"聚光灯"工具 和"区域光"工具 添加灯光，使用"属性"面板设置灯光参数。最终效果如图 4-41 所示。

【效果所在位置】云盘\Ch04\运用两点布光法照亮耳机\工程文件.c4d。

（1）启动 Cinema 4D S24。单击 "编辑渲染设置"按钮 ，弹出"渲染设置"对话框。在"输出"选项组中设置"宽度"为 1242 像素，"高度"为 2208 像素，如图 4-42 所示，单击"关闭"按钮，关闭对话框。

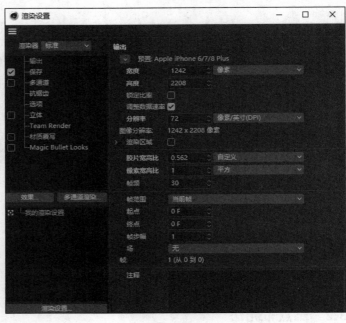

图 4-41   图 4-42

（2）选择"文件 > 合并项目"命令，在弹出的"打开文件"对话框中选择云盘中的"Ch04 \运用两点布光法照亮耳机\素材\01.c4d"文件，单击"打开"按钮，打开文件。在"对象"面板中，单击"摄像机"对象右侧的 ![icon] 按钮，如图 4-43 所示，进入摄像机视图。视图窗口中的效果如图 4-44 所示。

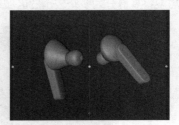

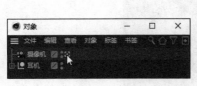

图 4-43   图 4-44

（3）选择"聚光灯"工具 ![icon]，在"对象"面板中生成一个灯光对象，将其重命名为"主光源"，如图 4-45 所示。在"属性"面板的"坐标"选项卡中设置"P.X"为−13cm，"P.Y"为2150cm，"P.Z"为−1650cm，"R.H"为−2°，"R.P"为−53°，"R.B"为 0°，如图 4-46 所示；在"常规"选项卡中设置"强度"为 140%，如图 4-47 所示。

图 4-45

（4）在"属性"面板的"细节"选项卡中设置"外部角度"为 60°，如图 4-48 所示；在"投影"选项卡中设置"投影"为区域，如图 4-49 所示。视图窗口中的效果如图 4-50 所示。

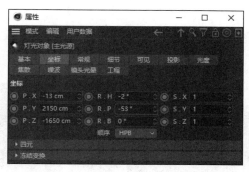

图 4-46

图 4-47

图 4-48

图 4-49

图 4-50

（5）选择"区域光"工具 ，在"对象"面板中生成一个灯光对象，将其重命名为"辅光源"，如图 4-51 所示。在"属性"面板的"坐标"选项卡中设置"P.X"为 123cm，"P.Y"为 1474cm，"P.Z"为 -1317cm，"R.H"为 19°，"R.P"为 -40°，"R.B"为 12°，如图 4-52 所示；在"常规"选项卡中设置"强度"为 80%，如图 4-53 所示。

图 4-51

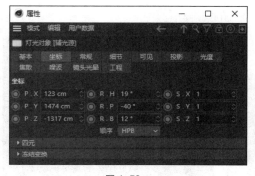

图 4-52

图 4-53

（6）在"属性"面板的"细节"选项卡中设置"外部半径"为 193cm，"垂直尺寸"为 200cm，如图 4-54 所示；在"投影"选项卡中设置"投影"为区域，如图 4-55 所示。视图窗口中的效果如

图 4-56 所示。

图 4-54

图 4-55

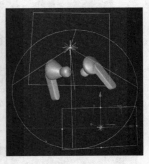
图 4-56

（7）选择"空白"工具 ，在"对象"面板中生成一个空白对象，将其重命名为"灯光"，如图 4-57 所示。按住 Shift 键选中需要的主光源和辅光源对象，将其拖曳到灯光对象的下方，折叠"灯光"对象组，如图 4-58 所示。运用两点布光法照亮耳机制作完成。

图 4-57

图 4-58

4.3.4　两点布光法

在 Cinema 4D S24 中，对场景进行布光的方法有很多，除三点布光法外，只用主光源和辅光源也可以进行布光，如图 4-59 所示，可以使模型呈现十分立体的效果。另外，在布光时需要遵循基本的布光原则，注意灯光的类型、位置、角度和高度等的安排。

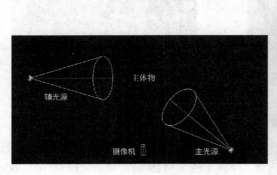
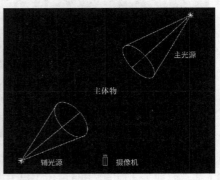
图 4-59

4.4　课堂练习——运用三点布光法照亮室内环境

【练习学习目标】使用灯光工具制作室内光照效果。

【练习知识要点】使用"合并项目"命令导入素材文件，使用"区域光"工具添加灯光，使用"属性"面板设置灯光属性。最终效果如图 4-60 所示。

图 4-60

运用三点布光法
照亮室内环境

【效果所在位置】云盘\Ch04\运用三点布光法照亮室内环境\工程文件.c4d。

4.5　课后习题——运用两点布光法照亮吹风机

【习题学习目标】使用灯光工具制作局部光照效果。

【习题知识要点】使用"合并项目"命令导入素材文件，使用"区域光"工具添加灯光，使用"属性"面板设置灯光属性。最终效果如图 4-61 所示。

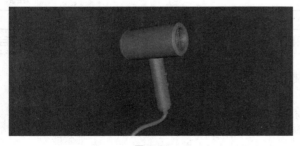

图 4-61

运用两点布光法
照亮吹风机

【效果所在位置】云盘\Ch04\运用两点布光法照亮吹风机\工程文件.c4d。

05

第 5 章
Cinema 4D 材质技术

本章介绍

  Cinema 4D 中的材质用于为已经创建好的三维模型添加合适的外观表现形式，如金属、塑料、玻璃及布料等。为模型赋予材质会对模型的外观产生重大的影响，使渲染出的模型更具美感。本章将对 Cinema 4D S24 中的"材质"面板、"材质编辑器"对话框及材质标签等进行系统讲解。通过对本章的学习，读者可以对 Cinema 4D 中的材质技术有一个全面的认识，并能掌握常用材质的赋予方法与技巧。

学习目标

知识目标	能力目标	素质目标
1．掌握"材质"面板的用法。 2．掌握"材质编辑器"对话框中的常用命令 3．了解材质标签命令	1．掌握材质的创建方法 2．掌握材质的赋予方法 3．掌握金属材质的制作方法 4．掌握玻璃材质的制作方法	1．培养细致、严谨的工作作风 2．培养对不同材质的鉴赏能力

5.1 材质面板

"材质"面板位于 Cinema 4D S24 工作界面底部的左侧，可以通过"材质"面板对材质进行创建、分类、重命名及预览等操作。

5.1.1 材质的创建

在"材质"面板中双击，或按 Ctrl+N 组合键可创建一个新材质球，默认创建的材质球使用的是 Cinema 4D S24 中的常用材质，如图 5-1 所示。

图 5-1

5.1.2 材质的赋予

如果想要将创建好的材质赋予参数化对象，有以下 3 种常用的方法。

（1）将材质直接拖曳到视图窗口中的参数化对象上，即可为该对象赋予材质，如图 5-2 所示。

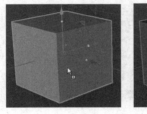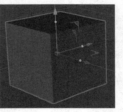

图 5-2

（2）拖曳材质到"对象"面板中的对象上，即可为其赋予材质，如图 5-3 所示。

（3）在视图窗口中选中需要赋予材质的参数化对象，在"材质"面板中的材质球上单击鼠标右键，在弹出的快捷菜单中选择"应用"命令，即可为其赋予材质，如图 5-4 所示。

图 5-3

图 5-4

<table>
<tr><td>**5.2**</td><td></td></tr>
</table>

5.2　材质编辑器对话框

在"材质"面板中双击创建的材质球，弹出"材质编辑器"对话框。该对话框左侧为材质预览区和材质通道，包括"颜色""漫射""发光""透明"等 12 个通道；右侧为通道属性，可以根据选择的通道调整材质的属性，如图 5-5 所示。

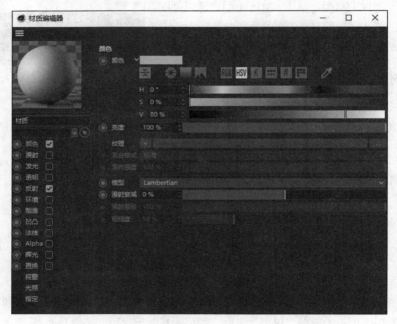

图 5-5

5.2.1　课堂案例——制作耳机的金属材质

【案例学习目标】使用"材质"面板为对象添加材质。

【案例知识要点】使用"材质"面板创建材质，使用"材质编辑器"对话框与"属性"面板调整材质属性。最终效果如图 5-6 所示。

【效果所在位置】云盘\Ch05\制作耳机的金属材质\工程文件.c4d。

（1）启动 Cinema 4D S24。单击 "编辑渲染设置"按钮 ，弹出"渲染设置"对话框。在"输出"选项组中设置"宽度"为 1242 像素、"高度"为 2208 像素，如图 5-7 所示，单击"关闭"按钮，关闭对话框。

（2）选择"文件 > 合并项目"命令，在弹出的"打开文件"对话框中选择云盘中的"Ch05\制作耳机的金属材质\素材\01.c4d"文件，单击"打开"按钮，打开文件。在"对象"面板中单击"摄像机"对象右侧的 按钮，如图 5-8 所示，进入摄像机视图。视图窗口中的效果如图 5-9 所示。

（3）在"材质"面板中双击，添加一个材质球，将其命名为"耳机"，如

制作耳机的
金属材质

图 5-6

图 5-10 所示。将"材质"面板中的"耳机"材质拖曳到"对象"面板中的"耳机"对象组上，如图 5-11 所示。

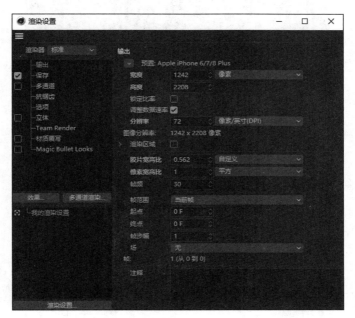

图 5-7

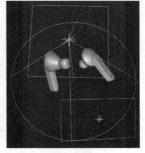

图 5-9

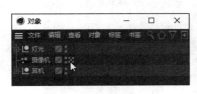

图 5-8

图 5-10

图 5-11

（4）在添加的"耳机"材质球上双击，在弹出的"材质编辑器"对话框的左侧列表中勾选"颜色"复选框，切换到相应的对话框，设置"H"为 224°，"S"为 100%，"V"为 10%，其他选项的设置如图 5-12 所示；在左侧列表中勾选"反射"复选框，切换到相应的对话框，设置"宽度"为 50%，"衰减"为 0%，"内部宽度"为 0%，"高光强度"为 100%，如图 5-13 所示。

图 5-12

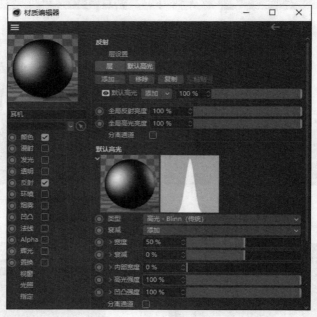

图 5-13

（5）单击"层设置"下方的"添加"下拉按钮，在弹出的下拉列表中选择"Beckmann"选项，如图 5-14 所示。添加一层，设置"粗糙度"为 19%，"反射强度"为 100%，"高光强度"为 100%，设置"颜色"选项中的"H"为 232°，"S"为 47%，"V"为 88%，其他选项的设置如图 5-15 所示。

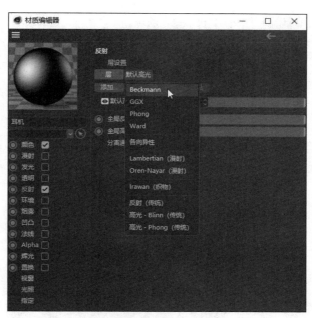

图 5-14

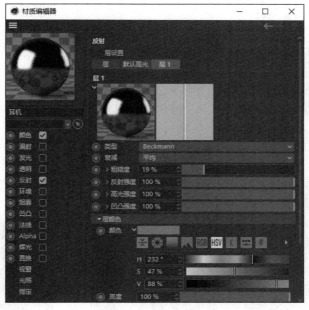

图 5-15

（6）在"材质编辑器"对话框左侧列表中勾选"凹凸"复选框，切换到相应的对话框中，单击"纹理"选项右侧的▇▇按钮，弹出"打开文件"对话框。选择"Ch05\制作耳机的金属材质\tex\01"文件，单击"打开"按钮，打开文件，如图 5-16 所示。在左侧列表中勾选"法线"复选框，切换到相应的对话框，单击"纹理"选项右侧的▇▇按钮，弹出"打开文件"对话框。选择云盘中的"Ch05\制作耳机的金属材质\tex\02"文件，单击"打开"按钮，打开文件，如图 5-17 所示。单击"关闭"

按钮，关闭对话框。视图窗口中的效果如图 5-18 所示。

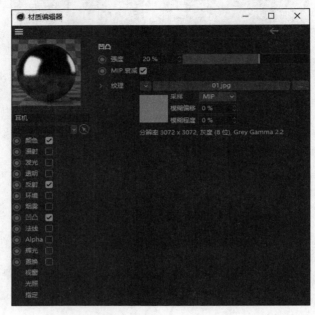

图 5-16

图 5-17

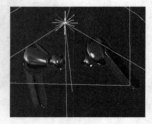

图 5-18

（7）在"材质"面板中双击，添加一个材质球，将其命名为"耳塞"，如图 5-19 所示。在"对象"面板中展开"耳机 > 左耳机"和"耳机 > 右耳机"对象组，将"材质"面板中的"耳塞"材质拖曳到"对象"面板中的两个"放样"对象上，如图 5-20 所示。

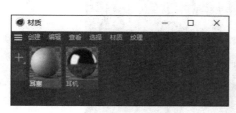

图 5-19

图 5-20

（8）在添加的"耳塞"材质球上双击，在弹出的"材质编辑器"对话框的左侧列表中勾选"颜色"复选框，切换到相应的对话框。设置"H"为 225°，"S"为 73%，"V"为 38%，其他选项的设置如图 5-21 所示。在左侧列表中勾选"反射"复选框，切换到相应的对话框。设置"宽度"为 46%，"衰减"为 -23%，"内部宽度"为 0%，"高光强度"为 98%，设置"颜色"选项中的"H"为 220°，"S"为 44%，"V"为 100%，其他选项的设置如图 5-22 所示。

图 5-21

（9）在"材质编辑器"对话框左侧列表中勾选"凹凸"复选框，切换到相应的对话框。设置"强度"为 1%，单击"纹理"选项右侧的 ■ 按钮，在弹出的下拉列表中选择"噪波"选项。单击选项下方的预览框区域，如图 5-23 所示，切换到相应的对话框。设置"全局缩放"为 1%，其他选项的设置如图 5-24 所示，单击"关闭"按钮，关闭对话框。视图窗口中的效果如图 5-25 所示。耳机金属材质制作完成。

图 5-22

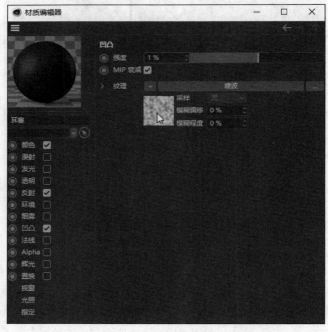

图 5-23

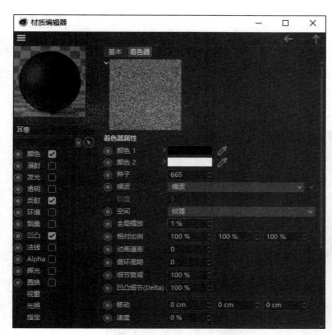

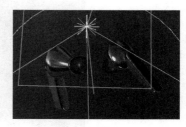

图 5-24   图 5-25

5.2.2　颜色

在场景中创建材质后，在"材质编辑器"对话框中勾选"颜色"复选框，如图 5-26 所示。可在对话框右侧设置材质的固有色，还可以为材质添加贴图纹理。

图 5-26

5.2.3 反射

在场景中创建材质后，在"材质编辑器"对话框中勾选"反射"复选框，如图 5-27 所示，可在对话框右侧设置材质的反射强弱及反射效果。Cinema 4D S24 的反射通道中增加了很多功能和属性设置，并提升了渲染速度，能够更好地表现反射的细节。

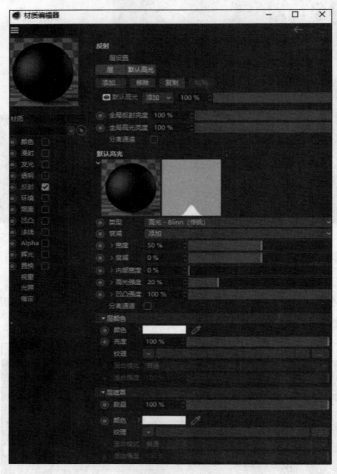

图 5-27

5.2.4 课堂案例——制作花盆的大理石材质

【案例学习目标】使用"材质"面板为对象添加大理石材质。

【案例知识要点】使用"材质"面板创建材质，使用"材质编辑器"对话框与"属性"面板调整材质属性。最终效果如图 5-28 所示。

【效果所在位置】云盘\Ch05\制作花盆的大理石材质\工程文件.c4d。

制作花盆的
大理石材质

（1）启动 Cinema 4D S24。单击"编辑渲染设置"按钮 ⚙，弹出"渲染设置"对话框。在"输出"选项组中设置"宽度"为 1400 像素，"高度" 1064 像素，如图 5-29 所示，单击"关闭"按钮，关闭对话框。

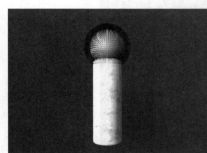

图 5-28

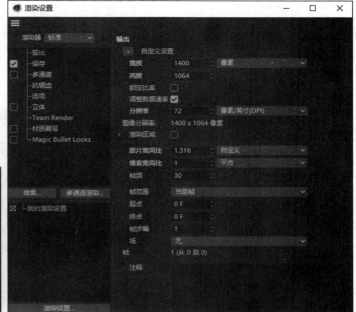

图 5-29

（2）选择"文件 > 合并项目"命令，在弹出的"打开文件"对话框中选择云盘中的"Ch05 > 制作花盆的大理石材质\素材\01"文件，单击"打开"按钮，打开文件。在"对象"面板中单击"摄像机"对象右侧的■■按钮，如图 5-30 所示，进入摄像机视图。视图窗口中的效果如图 5-31 所示。

图 5-30

图 5-31

（3）在"材质"面板中双击，添加一个材质球，将其命名为"大理石花盆"，如图 5-32 所示。将"材质"面板中的"大理石花盆"材质拖曳到"对象"面板中的花盆对象上，如图 5-33 所示。

图 5-32

图 5-33

（4）在添加的"大理石花盆"材质球上双击，在弹出的"材质编辑器"对话框的左侧列表中勾选"颜色"复选框，切换到相应的对话框。单击"纹理"选项右侧的▇▇按钮，弹出"打开文件"对话框，选择云盘中的"Ch05\制作花盆的大理石材质\tex\01"文件，单击"打开"按钮，打开文件，如图 5-34 所示。

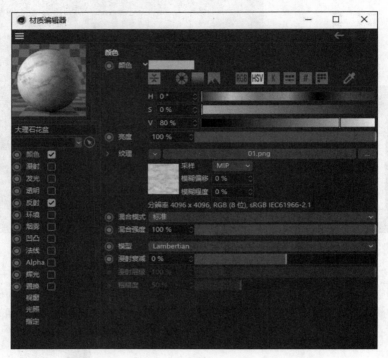

图 5-34

（5）在"材质编辑器"对话框左侧列表中勾选"反射"复选框，切换到相应的对话框。设置"宽度"为 66%，"衰减"为-18%，"内部宽度"为 5%，"高光强度"为 57%，其他选项的设置如图 5-35 所示。单击"层设置"下方的"添加"按钮，在弹出的下拉列表中选择"Beckmann"选项。添加一层，设置"粗糙度"为 19%，"反射强度"为 100%，"高光强度"为 48%。展开"层颜色"选项，单击"纹理"选项右侧的▇▇按钮，弹出"打开文件"对话框，选择云盘中的"Ch05\制作花盆的大理石材质\tex\02"文件，单击"打开"按钮，打开文件，如图 5-36 所示。

（6）在"材质编辑器"对话框左侧列表中勾选"凹凸"复选框，切换到相应的对话框。单击"纹理"选项右侧的▇▇按钮，弹出"打开文件"对话框，选择云盘中"Ch05\制作花盆的大理石材质\tex\03"文件，单击"打开"按钮，打开文件，如图 5-37 所示。在左侧列表中勾选"法线"复选框，切换到相应的对话框，单击"纹理"选项右侧的▇▇按钮，弹出"打开文件"对话框，选择云盘的"Ch05\制作花盆的大理石材质\tex\04"文件，单击"打开"按钮，打开文件，如图 5-38 所示。设置完毕后关闭对话框。视图窗口中的效果如图 5-39 所示。

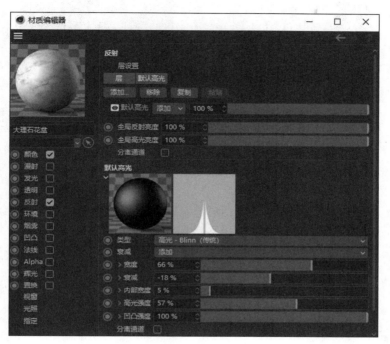

图 5-35

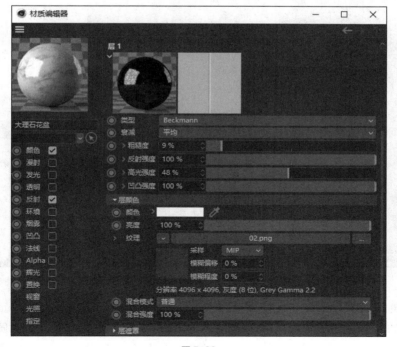

图 5-36

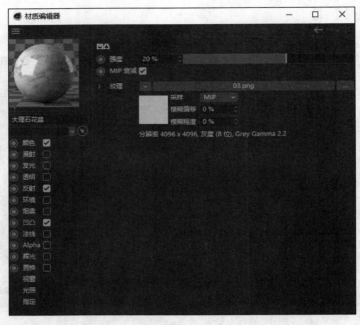

图 5-37

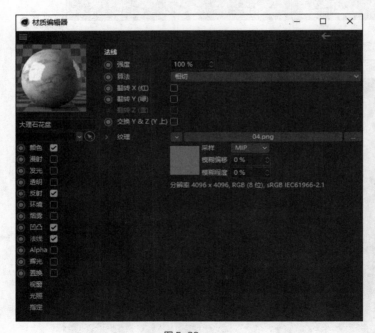

图 5-38

图 5-39

（7）在"对象"面板中单击"大理石花盆"材质球，如图 5-40 所示。在"属性"面板中设置"投射"为柱状，如图 5-41 所示。用鼠标右键单击"对象"面板中的"大理石花盆"材质球，在弹出的快捷菜单中选择"适合对象"命令，使材质适合对象。视图窗口中的效果如图 5-42 所示。大理石材质制作完成。

图 5-40

图 5-41

图 5-42

5.2.5 凹凸

在场景中创建材质后，在"材质编辑器"对话框中勾选"凹凸"复选框，如图 5-43 所示，可在对话框右侧设置材质的凹凸效果。

图 5-43

5.2.6 法线

在场景中创建材质后，在"材质编辑器"对话框中勾选"法线"复选框，如图 5-44 所示，可在对话框右侧加载法线贴图，使低精度模型具有高精度模型的效果。

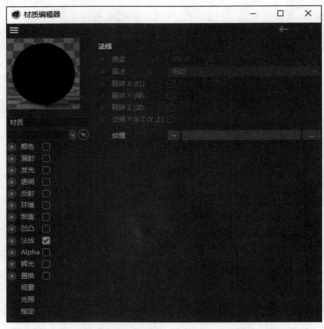

图 5-44

5.2.7　课堂案例——制作饮料瓶的玻璃材质

【案例学习目标】使用"材质"面板为对象添加材质。

【案例知识要点】使用"材质"面板创建材质，使用"材质编辑器"对话框与"属性"面板调整材质属性。最终效果如图 5-45 所示。

图 5-45

制作饮料瓶的
玻璃材质

【效果所在位置】云盘\Ch05\制作饮料瓶的玻璃材质\工程文件.c4d。

（1）启动 Cinema 4D S24。单击"编辑渲染设置"按钮，弹出"渲染设置"对话框。在"输出"选项组中设置"宽度"为 750 像素，"高度" 1106 像素，如图 5-46 所示，单击"关闭"按钮，关闭对话框。

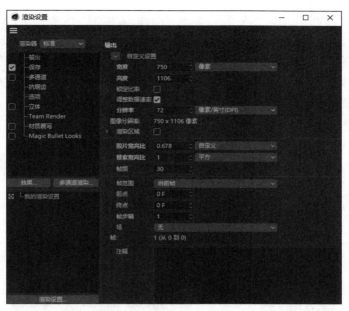

图 5-46

（2）选择"文件 > 合并项目"命令，在弹出的"打开文件"对话框中选择云盘中的"Ch05\制作饮料瓶的玻璃材质\素材\01.csd"文件，单击"打开"按钮，打开文件。在"对象"面板中单击摄像机对象右侧的█按钮，如图 5-47 所示，进入摄像机视图。视图窗口中的效果如图 5-48 所示。

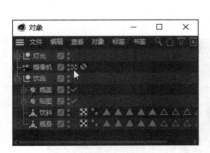

图 5-47

图 5-48

（3）在"材质"面板中双击，添加一个材质球，将其命名为"玻璃"，如图 5-49 所示。将"材质"面板中的"玻璃"材质拖曳到"对象"面板中的瓶身对象上，如图 5-50 所示。

图 5-49

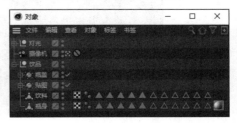

图 5-50

（4）在添加的"玻璃"材质球上双击，在弹出的"材质编辑器"对话框的左侧列表中取消勾选"颜色"复选框，并分别勾选"透明"复选框和"凹凸"复选框然后勾选"透明"复选框，切换到相应的对话框，设置"折射率"为1.2，如图5-51所示。在左侧列表中勾选"反射"复选框，切换到相应的对话框，设置"类型"为Phong，"粗糙度"为100%，"反射强度"为100%，"高光强度"为0%，其他选项的设置如图5-52所示。

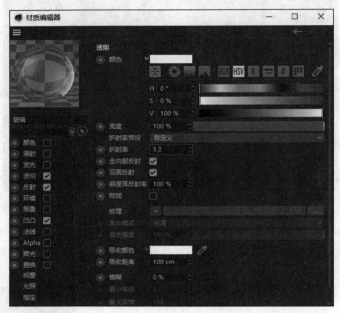

图 5-51

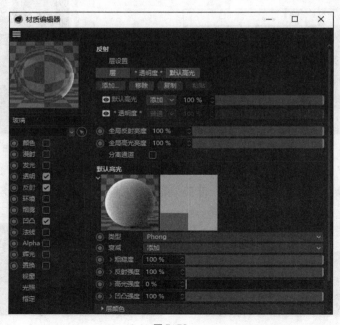

图 5-52

（5）在"材质编辑器"对话框左侧列表中勾选"凹凸"复选框，切换到相应的对话框，设置"强度"为2%。单击"纹理"选项右侧的 ⌄ 按钮，在弹出的下拉列表中选择"噪波"选项。单击选项下方的预览框区域，如图 5-53 所示。切换到相应的对话框，设置"全局缩放"为 924%，其他选项的设置如图 5-54 所示，设置完毕后关闭对话框。视图窗口中的效果如图 5-55 所示。

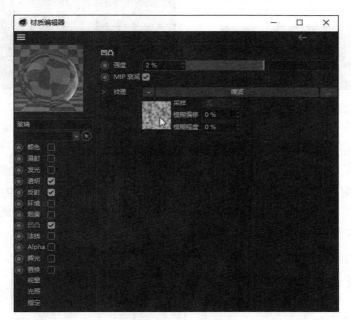

图 5-53

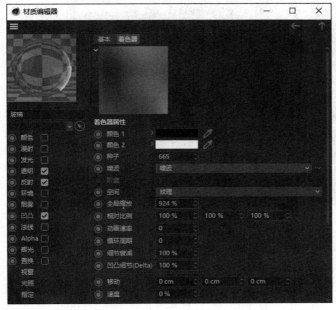

图 5-54

图 5-55

（6）在"材质"面板中双击，添加一个材质球，将其命名为"饮料"，如图 5-56 所示。将"材质"面板中的"饮料"材质拖曳到"对象"面板中的饮料对象上，如图 5-57 所示。

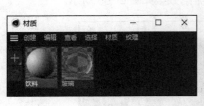

图 5-56

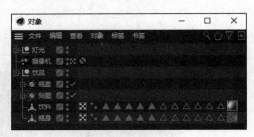

图 5-57

（7）在添加的"饮料"材质球上双击，在弹出的"材质编辑器"对话框的左侧列表中取消勾选"颜色"复选框，并在左侧列表中勾选"透明"复选框，切换到相应的对话框。勾选"透明"复选框，设置"折射率"为 1.5，取消勾选"全内部反射"复选框和"双面反射"复选框，如图 5-58 所示。在左侧列表中勾选"反射"复选框，切换到相应的对话框，设置"衰减"为 22%，"内部宽度"为 50%，"高光强度"为 49%，其他选项的设置如图 5-59 所示，单击"关闭"按钮，关闭对话框。视图窗口中的效果如图 5-60 所示。

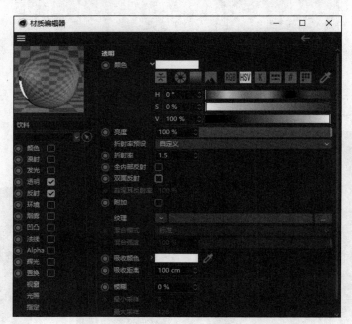

图 5-58

（8）在"材质"面板中双击，添加一个材质球，将其命名为"贴图"，如图 5-61 所示。将"材质"面板中的"贴图"材质拖曳到"对象"面板中的贴图对象上，如图 5-62 所示。

（9）在添加的"贴图"材质球上双击，在弹出"材质编辑器"对话框的左侧列表中勾选"颜色"复选框，切换到相应的对话框。设置"H"为 333.7°，"S"为 23%，"V"为 88%，其他选项的设置如图 5-63 所示。设置完成后关闭对话框。

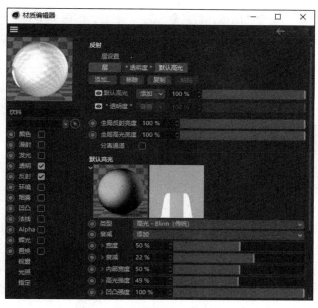

图 5-59

图 5-60

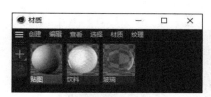

图 5-61

图 5-62

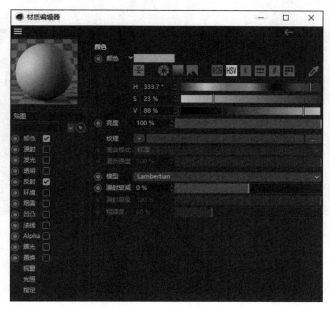

图 5-63

（10）在"材质"面板中双击，添加一个材质球，将其命名为"瓶盖"，如图 5-64 所示。将"材质"面板中的"瓶盖"材质拖曳到"对象"面板中的瓶盖对象上，如图 5-65 所示。

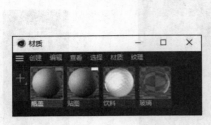

图 5-64

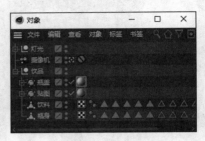

图 5-65

（11）在添加的"贴图"材质球上双击，在弹出"材质编辑器"对话框的左侧列表中勾选"颜色"复选框，切换到相应的对话框。设置"H"为 30°，"S"为 2.7%，"V"为 86.3%，其他选项的设置如图 5-66 所示。在左侧列表中勾选"反射"复选框，切换到相应的对话框，设置"类型"为 Phong，"衰减"为平均，"粗糙度"为 15%，"反射强度"为 100%，"高光强度"为 0%，"亮度"为 40%，其他选项的设置如图 5-67 所示。设置完成后关闭对话框。视图窗口中的效果如图 5-68 所示。饮料瓶玻璃材质制作完成。

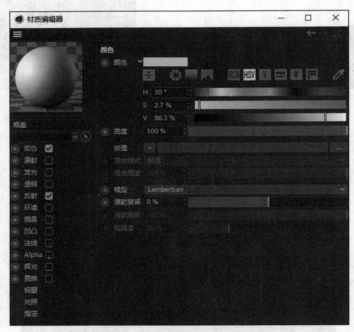

图 5-66

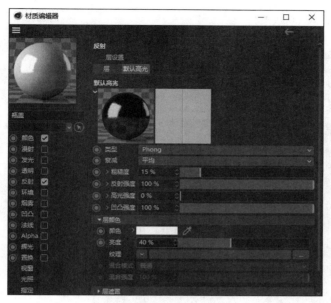

图 5-67

图 5-68

5.2.8 发光

在场景中创建材质后，在"材质编辑器"对话框中勾选"发光"复选框，如图 5-69 所示，可在对话框右侧设置材质的自发光效果。

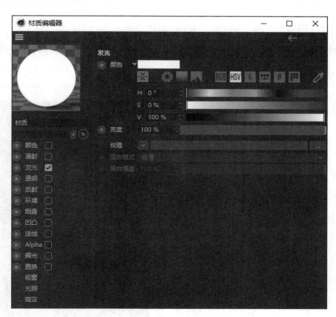

图 5-69

5.2.9 透明

在场景中创建材质后，在"材质编辑器"对话框中勾选"透明"复选框，如图 5-70 所示，可在对话框右侧设置材质的透明效果和半透明效果。

图 5-70

5.3 材质标签

当场景中的对象被赋予材质后，"对象"面板中将会出现材质标签。如果一个对象被赋予了多个材质，将会出现多个材质标签，如图 5-71 所示。单击材质标签，可以打开该标签的"属性"面板，如图 5-72 所示。

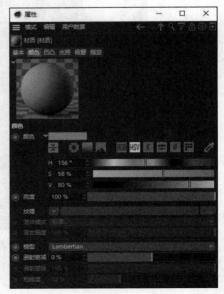

图 5-71　　　　　　　　　　　　　　　　　　　图 5-72

5.4 　课堂练习——制作吹风机的陶瓷材质

【练习学习目标】使用"材质"面板为对象添加陶瓷材质。

【练习知识要点】使用"材质"面板创建材质，使用"材质编辑器"对话框与"属性"面板调整材质属性。最终效果如图 5-73 所示。

制作吹风机的
陶瓷材质

图 5-73

【效果所在位置】云盘\Ch05\制作吹风机的陶瓷材质\工程文件.c4d。

5.5 　课后习题——制作沙发的绒布材质

【习题学习目标】使用"材质"面板为对象添加绒布材质。

【习题知识要点】使用"材质"面板创建材质，使用"材质编辑器"对话框与"属性"面板调整材质属性。最终效果如图 5-74 所示。

制作沙发的
绒布材质

图 5-74

【效果所在位置】云盘\Ch05\制作沙发的绒布材质\工程文件.c4d。

06

第6章
Cinema 4D 毛发技术

本章介绍

　　使用 Cinema 4D 中的毛发技术可以为已经创建好的三维模型添加合适的外观，如头发、刷子及草坪等。为模型赋予毛发会使模型形成更加逼真的效果。本章将对 Cinema 4D S24 中的毛发对象、毛发模式、毛发编辑、毛发选择、毛发工具、毛发选项、毛发材质及毛发标签等进行系统讲解。通过本章的学习，读者可以对 Cinema 4D 的毛发技术有一个全面的认识，并能掌握常用毛发的赋予方法与技巧。

学习目标

知识目标	能力目标	素质目标
1. 了解"毛发模式"命令		
2. 熟悉"毛发编辑"命令		
3. 熟悉"毛发选择"命令	1. 掌握毛发的创建方法	
4. 熟悉"毛发工具"命令	2. 掌握头发材质的制作方法	培养细致的观察能力
5. 了解"毛发选项"命令		
6. 掌握"毛发材质"的添加		
7. 了解"毛发标签"命令		

6.1　毛发对象

在菜单栏中展开"模拟"菜单，其中包含了与毛发相关的命令，如图 6-1 所示。使用这些命令可以创建毛发，通过修改参数，可以产生不同的毛发效果。

图 6-1

制作人物的头发

6.1.1　课堂案例——制作人物的头发

【案例学习目标】使用添加毛发命令为人物模型添加头发。

【案例知识要点】使用"立方体"工具 和"细分曲面"工具 制作人物头顶，使用"添加毛发"命令制作人物头发，使用"球体"工具 、"挤压"命令、"倒角"命令制作帽子，使用"循环/路径切割"命令和"分裂"命令制作装饰。最终效果如图 6-2 所示。

【效果所在位置】云盘\Ch06\制作人物的头发\工程文件.c4d。

（1）启动 Cinema 4D S24。单击 "编辑渲染设置"按钮 ，弹出"渲染设置"对话框。在"输出"选项组中设置"宽度"为 750 像素，"高度"为 1624 像素，如图 6-3 所示，单击"关闭"按钮，关闭对话框。

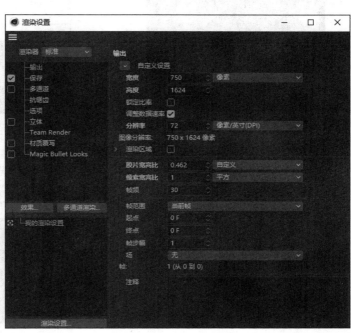

图 6-2　　　　　　　　　　　　　　　　　　　图 6-3

（2）选择"文件 > 合并项目"命令，在弹出的"打开文件"对话框中选择云盘中的"Ch06\制作人物的头发\素材\01.c4d"文件，单击"打开"按钮，将选中的文件导入，"对象"面板如图 6-4 所示。视图窗口中的效果如图 6-5 所示。

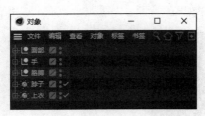

图 6-4　　　　　　　　　　　　　　　　图 6-5

（3）选择"立方体"工具 ，在"对象"面板中生成一个立方体对象，如图 6-6 所示。在"属性"面板的"对象"选项卡中设置"尺寸.X"为 165cm，"尺寸.Y"为 85cm，"尺寸.Z"为 150cm，如图 6-7 所示。在"坐标"面板的"位置"选项组中设置"X"为−1cm，"Y"为 97cm，"Z"为 5cm；在"旋转"选项组中设置"B"为 14°，如图 6-8 所示。

图 6-6

图 6-7　　　　　　　　　　　　　　　图 6-8

（4）按住 Alt 键选择"细分曲面"工具 ，为立方体对象生成一个细分曲面对象的父级对象，如图 6-9 所示。在"属性"面板的"对象"选项卡中设置"编辑器细分"为 4，"渲染器细分"为 4，如图 6-10 所示。折叠"细分曲面"对象组。

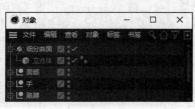

图 6-9　　　　　　　　　　　　　　图 6-10

（5）选择"立方体"工具，在"对象"面板中生成一个立方体对象。在"属性"面板的"对象"选项卡中设置"尺寸.X"为 100cm，"尺寸.Y"为 90cm，"尺寸.Z"为 110cm，如图 6-11 所示。在"坐标"面板的"位置"选项组中设置"X"为-76cm，"Y"为 75cm，"Z"为 10cm；在"旋转"选项组中设置"B"为 15°，如图 6-12 所示。

图 6-11

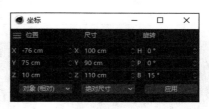

图 6-12

（6）按住 Alt 键选择"细分曲面"工具，为立方体对象生成一个细分曲面对象的父级对象，如图 6-13 所示。在"属性"面板的"对象"选项卡中设置"编辑器细分"为 4，"渲染器细分"为 4，如图 6-14 所示。

（7）按住 Shift 键在"对象"面板中同时选中"细分曲面"对象组和"细分曲面.1"对象组，单击鼠标右键，在弹出的快捷菜单中选择"连接对象+删除"命令，将两个对象组中的对象连接，将其重命名为"发型"，如图 6-15 所示。

图 6-13

图 6-14

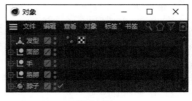

图 6-15

（8）在"坐标"面板的"位置"选项组中设置"Y"为 131cm，如图 6-16 所示。视图窗口中的效果如图 6-17 所示。选择"模拟 > 毛发对象 > 添加毛发"命令，在"对象"面板中生成一个"毛发"对象，如图 6-18 所示。

（9）在"属性"面板的"引导线"选项卡中展开"发根"选项，设置"长度"为 30cm，如图 6-19 所示。在"毛发"选项卡中设置"数量"为 30000，如图 6-20 所示。视图窗口中的效果如图 6-21 所示。

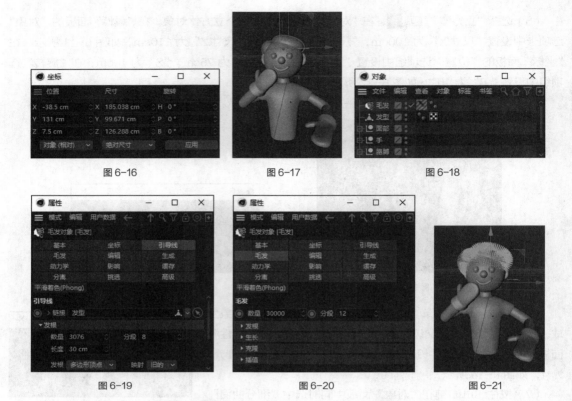

图 6-16　　　　　　　　　图 6-17　　　　　　　　　图 6-18

图 6-19　　　　　　　　　图 6-20　　　　　　　　　图 6-21

（10）选择"空白"工具，在"对象"面板中生成一个空白对象，将其重命名为"头发"。框选需要的对象，将选中的对象拖入头发对象的下方，如图 6-22 所示，折叠"头发"对象组。

（11）选择"球体"工具，在"对象"面板中生成一个球体对象，如图 6-23 所示。在"属性"面板的"对象"选项卡中设置"半径"为 120cm，"分段"为 8，如图 6-24 所示。

图 6-22

图 6-23

图 6-24

（12）在"坐标"面板的"位置"选项组中设置"X"为-35cm、"Y"为 153cm，"Z"为 38cm；在"旋转"选项组中设置"H"为-1.5°，"P"为-12°，"B"为-9°，如图 6-25 所示。在"对象"

面板中用鼠标右键单击"球体"对象，在弹出的快捷菜单中选择"转为可编辑对象"命令，将其转为可编辑对象，如图 6-26 所示。

图 6-25

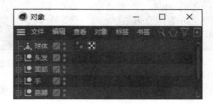
图 6-26

（13）选择"边"工具![边], 切换为"边"模式。选择"选择 > 循环选择"命令，在视图窗口中选中需要的边，如图 6-27 所示。选择"选择 > 填充选择"命令，在视图窗口中选中需要的填充的对象，如图 6-28 所示。按 Delete 键将所选的面删除，效果如图 6-29 所示。

（14）选择"边"工具![边], 切换为"边"模式。选择"移动"工具![移动], 按住 Shift 键在视图窗口中选中需要的边，如图 6-30 所示。在"坐标"面板的"位置"选项组中设置"对象(相对)"为"世界坐标"。

图 6-27

图 6-28

图 6-29

图 6-30

（15）在视图窗口中单击鼠标右键，在弹出的快捷菜单中选择"挤压"命令，在"属性"面板中设置"偏移"为 2cm，如图 6-31 所示。在"坐标"面板的"尺寸"选项组中设置"X"为 35cm、"Y"为 35cm，"Z"为 166cm；在"位置"选项组中设置"X"为 151cm，"Y"为 218cm，"Z"为 47cm，如图 6-32 所示。

图 6-31

图 6-32

（16）选择"点"工具![点], 切换为"点"模式。在视图窗口中选中需要的点，如图 6-33 所示。在"坐标"面板的"位置"选项组中设置"X"为 163cm，"Y"为 190cm，"Z"为 40cm，如图 6-34 所示。视图窗口中的效果如图 6-35 所示。

图 6-33 　　　　　　　　　　　图 6-34 　　　　　　　　　　　图 6-35

（17）选择"边"工具，切换为"边"模式。选择"选择 > 循环选择"命令，在视图窗口中选中需要的边线，如图 6-36 所示。在"坐标"面板的"尺寸"选项组中设置"X"为 177cm，"Y"为 46cm，"Z"为 175cm，如图 6-37 所示。视图窗口中的效果如图 6-38 所示。

图 6-36 　　　　　　　　　　　图 6-37 　　　　　　　　　　　图 6-38

（18）选择"多边形"工具，切换为"多边形"模式。在视图窗口中单击，按 Ctrl+A 组合键全选球体对象中的面，如图 6-39 所示。在视图窗口中单击鼠标右键，在弹出快捷的菜单中选择"挤压"命令。在"属性"面板中设置"偏移"为-8cm，勾选"创建封顶"复选框，如图 6-40 所示。

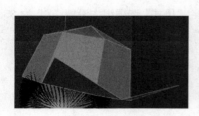

图 6-39 　　　　　　　　　　　　　　　　图 6-40

（19）单击"边"按钮，切换为"边"模式。选择"选择 > 循环选择"命令，选择需要的边。选择"移动"工具，按住 Shift 键在视图窗口中选中需要的边，如图 6-41 所示。在视图窗口中单击鼠标右键，在弹出的快捷菜单中选择"倒角"命令，在"属性"面板的"工具选项"选项卡中设置"偏移"为 3cm、"细分"为 2，如图 6-42 所示。在"拓扑"选项卡中设置"斜角"为均匀，如图 6-43 所示。

（20）按住 Alt 键选择"细分曲面"工具，为球体对象生成一个细分曲面对象的父级对象，将其重命名为"球体"，如图 6-44 所示。用鼠标右键单击"球体"对象组，在弹出的快捷菜单中选择"连接对象+删除"命令，将该对象组中的对象连接，如图 6-45 所示。

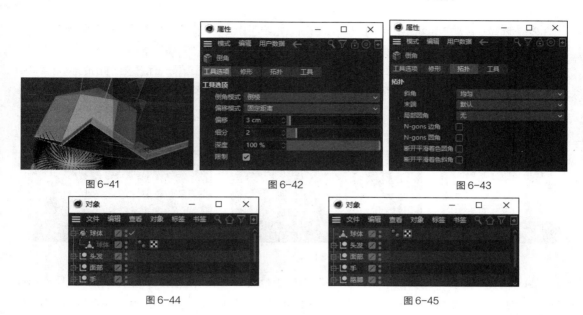

图 6-41　　　　　　　　图 6-42　　　　　　　　图 6-43

图 6-44　　　　　　　　　　　　图 6-45

（21）选择"多边形"工具 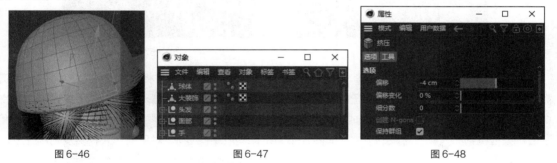，切换为"多边形"模式。选择"移动"工具 ，按住 Shift 键在视图窗口中选中需要的面，如图 6-46 所示。在视图窗口中单击鼠标右键，在弹出的快捷菜单中选择"分裂"命令，在"对象"面板中生成一个球体.1 对象，将其重命名为"大装饰"，如图 6-47 所示。在视图窗口中单击鼠标右键，在弹出的快捷菜单中选择"挤压"命令。在"属性"面板中设置"偏移"为-4cm，如图 6-48 所示。

图 6-46　　　　　　　　图 6-47　　　　　　　　图 6-48

（22）在视图窗口中单击鼠标右键，在弹出的快捷菜单中选择"循环/路径切割"命令，在视图窗口中选择要切割的边，如图 6-49 所示。在"属性"面板中设置"偏移"为 50%，如图 6-50 所示。使用相同的方法再次切割另外两条需要操作的边，并设置"偏移"为 50%，效果如图 6-51 和图 6-52 所示。

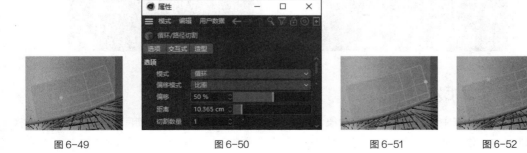

图 6-49　　　　　　　　图 6-50　　　　　　　　图 6-51　　　　　　　　图 6-52

（23）选择"移动"工具 ✛，按住 Shift 键在视图窗口中选中需要的面，如图 6-53 所示。在视图窗口中单击鼠标右键，在弹出的快捷菜单中选择"分裂"命令，在"对象"面板中生成一个大装饰.1 对象，将其重命名为"小装饰"，如图 6-54 所示。在视图窗口中单击鼠标右键，在弹出的快捷菜单中选择"挤压"命令。在"属性"面板中设置"偏移"为-3cm，如图 6-55 所示。

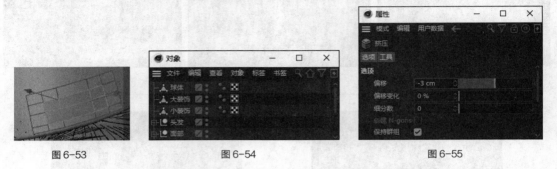

图 6-53　　　　　　　　　　图 6-54　　　　　　　　　　图 6-55

（24）选择"空白"工具 ，在"对象"面板中生成一个空白对象，其重命名为"组合"。框选需要的对象，将选中的对象拖曳到组合对象的下方，如图 6-56 所示。折叠"组合"对象组。

（25）按住 Alt 键选择"细分曲面"工具 ，为"组合"对象组生成一个细分曲面对象的父级对象，将其命名为"帽子装饰"，如图 6-57 所示。折叠"帽子装饰"对象组。

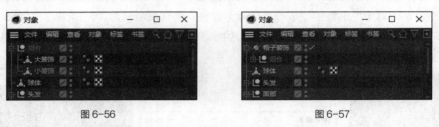

图 6-56　　　　　　　　　　　　　　　图 6-57

（26）选择"空白"工具 ，在"对象"面板中生成一个空白对象，将其重命名为"帽子"。框选需要的对象，将选中的对象拖入帽子对象的下方，如图 6-58 所示，折叠"帽子"对象组。选择"空白"工具 ，在"对象"面板中生成一个空白对象，将其重命名为"人物"。框选中需要的对象，将选的的对象拖曳到"人物"对象的下方，如图 6-59 所示，折叠"人物"对象组。人物头发制作完成。

图 6-58　　　　　　　　　　　　图 6-59

6.1.2　添加毛发

在视图窗口中选中需要添加毛发的对象，选择"模拟 > 毛发对象 > 添加毛发"命令，如图 6-60 所示，即可为对象添加毛发效果，效果如图 6-61 所示。添加的毛发默认以引导线的方式呈现。

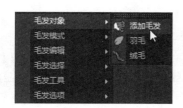

图 6-60

图 6-61

6.2 毛发模式

在为对象添加毛发后，可以选择多种毛发模式，选择"模拟 > 毛发模式 > 点"命令，如图 6-62 所示，即可为对象添加"点"模式的毛发效果，效果如图 6-63 所示。

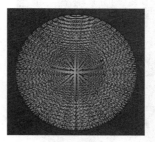

图 6-62

图 6-63

6.3 毛发编辑

在为对象添加毛发后，可以对其进行转换、剪切和复制等操作，选择"模拟 > 毛发编辑 >毛发转为引导线"命令，如图 6-64 所示，即可将对象上的毛发转为引导线，效果如图 6-65 所示。

图 6-64

图 6-65

6.4　毛发选择

在为对象添加毛发后，可以对其进行选择并编辑，还可以设置选择的元素的选集。选择"模拟 > 毛发选择 > 实时选择"命令，如图 6-66 所示，在适当的位置拖曳鼠标指针，即可选择需要的毛发，效果如图 6-67 所示。

图 6-66

图 6-67

6.5　毛发工具

在为对象添加毛发后，可以对其进行移动、梳理、修剪等操作。选择"模拟 > 毛发工具 > 毛刷"命令，如图 6-68 所示，在适当的位置拖曳鼠标指针，即可达到需要的造型效果，如图 6-69 所示。

图 6-68

图 6-69

6.6 毛发选项

在为对象添加毛发后，选择"模拟 > 毛发选项 > 对称"命令，如图 6-70 所示，即可对毛发进行设置。

图 6-70

6.7 毛发材质

在为对象添加了毛发后，系统会在"材质"面板中自动生成对应的"毛发材质"材质球。双击"毛发材质"材质球即可打开"材质编辑器"对话框，如图 6-71 所示。与普通材质的属性相比，毛发材质的属性更多。

图 6-71

6.7.1 课堂案例——添加人物头发的材质

【案例学习目标】使用"材质"面板添加人物头发材质。

【案例知识要点】使用"属性"面板调整人物头发的材质属性，使用"物理天空"工具 创建物理天空。最终效果如图 6-72 所示。

【效果所在位置】云盘\Ch06\添加人物头发的材质\工程文件.c4d。

添加人物头发的
材质

（1）启动 Cinema 4D S24。单击 "编辑渲染设置"按钮 ⚙，弹出"渲染设置"对话框。在"输出"选项组中设置"宽度"为 750 像素、"高度"为 1624 像素，单击"关闭"按钮，关闭对话框。

（2）选择"文件 >合并项目"命令，在弹出的"打开文件"对话框中选择云盘中的"Ch06\添加人物头发的材质\素材\01.c4d"文件，单击"打开"按钮，将选中的文件导入，"对象"面板如图 6-73 所示。视图窗口中的效果如图 6-74 所示。

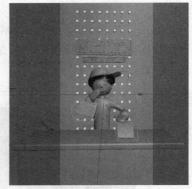

图 6-72

图 6-73

图 6-74

（3）在"材质"面板中双击"毛发材质"材质球，在弹出的"材质编辑器"对话框的左侧列表中勾选"颜色"复选框，切换到相应的对话框。双击"颜色"左侧的"色标.1"按钮，弹出"渐变色标设置"对话框，设置"H"为 225°，"S"为 87%，"V"为 70%，如图 6-75 所示，单击"确定"按钮，返回"材质编辑器"对话框。

（4）双击"颜色"右侧的"色标.2"按钮，弹出"渐变色标设置"对话框，设置"H"为 184°，"S"为 78%，"V"为 52%，如图 6-76 所示。单击"确定"按钮，返回"材质编辑器"对话框。

图 6-75

图 6-76

（5）在"材质编辑器"对话框左侧列表中勾选"高光"复选框，切换到相应的对话框。在"主要"选项下，设置"强度"为 19%，"锐利"为 50。在"次要"选项下，设置"强度"为 80%，"锐利"为 30，其他选项的设置如图 6-77 所示。在"材质编辑器"对话框左侧列表中勾选"粗细"复选框，切换到相应的对话框，设置"发根"为 1cm，"发梢"为 0.1cm，其他选项的设置如图 6-78 所示。

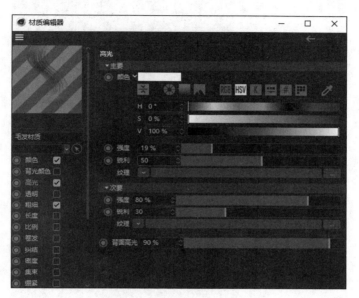

图6-77

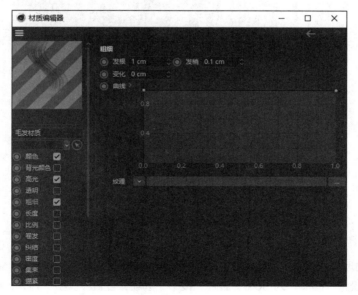

图6-78

（6）在"材质编辑器"对话框左侧列表中勾选"卷发"复选框，切换到相应的对话框，设置"卷发"为 10%、"变化"为 10%，其他选项的设置如图 6-79 所示。在"材质编辑器"对话框左侧列表中勾选"纠结"复选框，切换到相应的对话框，设置"纠结"为 102%，其他选项的设置如图 6-80 所示。单击"关闭"按钮，关闭对话框。折叠"旅游出行引导页"对象组。添加人物头发材质制作完成。

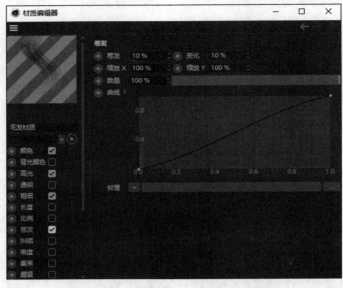

图 6-79

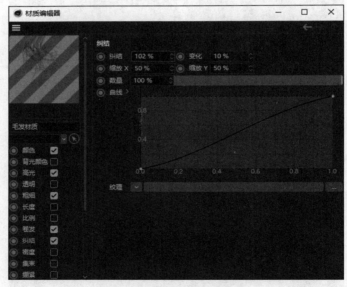

图 6-80

（7）选择"物理天空"工具 ，在"对象"面板中生成一个物理天空对象。在"属性"面板的"太阳"选项卡中设置"强度"为 50%。展开"投影"选项，设置"类型"为无，如图 6-81 所示。视图窗口中的效果如图 6-82 所示。（注意，"物理天空"对象会根据不同的地理位置和时间，使环境显示出不同的效果，可根据实际需要在"时间与区域"选项卡中进行调整。如果没有对"物理天空"对象进行特别的设置，则系统会自动根据制作时的时间和位置自动进行设置。）

图 6-81

图 6-82

6.7.2 颜色

在 "材质编辑器" 对话框左侧列表中勾选 "颜色" 复选框, 如图 6-83 所示, 在右侧区域可以设置毛发的 "发根" "发梢" "色彩" "表面" 等, 还可以添加贴图纹理或设置不同的混合方式。

图 6-83

6.7.3　高光

在"材质编辑器"对话框左侧列表中勾选"高光"复选框，如图 6-84 所示，在右侧区域可以设置高光的颜色、强度和添加贴图纹理。

图 6-84

6.7.4　粗细

在"材质编辑器"对话框左侧列表中勾选"粗细"复选框，如图 6-85 所示，可以设置毛发发根和发梢的粗细，还可以通过设置曲线选项来调整发根到发梢的粗细渐变。

6.7.5　长度

在"材质编辑器"对话框左侧列表中勾选"长度"复选框，如图 6-86 所示，在右侧区域可以设置毛发的长短及随机变化，还可以添加贴图纹理。

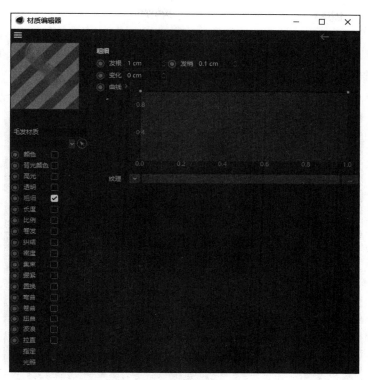

图 6-85

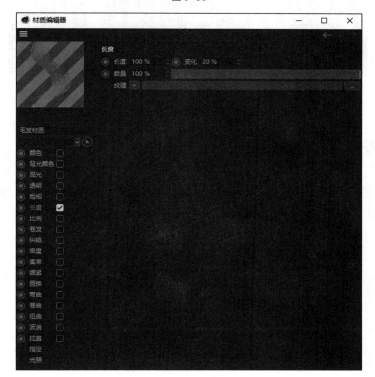

图 6-86

6.7.6　卷发

在"材质编辑器"对话框左侧列表中勾选"卷发"复选框，如图 6-87 所示，在右侧区域可以设置毛发的卷曲状态。

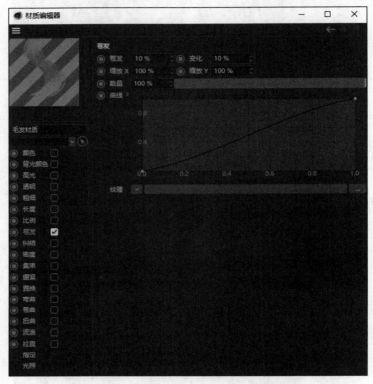

图 6-87

6.8　毛发标签

在"对象"面板中用鼠标右键单击创建的毛发对象，在弹出的快捷菜单中选择"标签 >毛发标签"命令，弹出图 6-88 所示的子菜单，可根据需要为对象添加合适的毛发标签。

图 6-88

6.9 课堂练习——制作牙刷刷头

【练习学习目标】使用"添加毛发"命令为模型添加毛发。

【练习知识要点】使用"添加毛发"命令制作牙刷毛，使用"属性"面板和"材质"面板调整材质属性。最终效果如图 6-89 所示。

图 6-89

【效果所在位置】云盘\Ch06\制作牙刷刷头\工程文件.c4d。

6.10 课后习题——制作绿植绒球

【习题学习目标】使用"添加毛发"命令为模型添加毛发。

【习题知识要点】使用"圆柱体"工具、"挤压"命令和"内部挤压"命令制作花盆，使用"球体"工具制作绿植，使用"添加毛发"命令制作绒球效果，使用"属性"面板和"材质"面板调整材质属性。最终效果如图 6-90 所示。

图 6-90

【效果所在位置】云盘\Ch06\制作绿植绒球\工程文件.c4d。

07

第 7 章
Cinema 4D 渲染技术

本章介绍

　　Cinema 4D 中的渲染是指从创建好的模型生成图像的过程。渲染是三维设计的最后一步，因此渲染时需要考虑渲染环境、渲染器及渲染设置等各种因素。本章将对 Cinema 4D S24 的环境、常用渲染器、渲染工具组及渲染设置等进行系统讲解。通过本章的学习，读者可以对 Cinema 4D 渲染技术有一个全面的认识，并能掌握常用模型的渲染方法与技巧。

学习目标

知识目标	能力目标	素质目标
1. 掌握制作环境的常用工具 2. 熟悉常用的渲染器 3. 掌握渲染工具组的工具 4. 掌握编辑渲染设置的常用选项	1. 掌握环境的制作方法 2. 掌握渲染输出的方法	1. 培养锐意进取的工匠精神 2. 培养创新思维

7.1 环境

在设计过程中，如果需要模拟真实的生活场景，除主体元素外，还需要添加地板、天空等自然场景。在 Cinema 4D S24 中可以直接创建预置的多种类型的自然场景，还可以在"属性"面板中调整参数来改变这些自然场景的属性。

长按工具栏中的"地板"工具，弹出场景列表，如图 7-1 所示。选择"创建 > 场景"命令和"创建 > 物理天空"命令，也可以弹出场景列表，如图 7-2 和图 7-3 所示。在场景列表中单击需要的图标，即可创建相应的场景。

图 7-1   图 7-2   图 7-3

7.1.1 地板

"地板"工具通常用于在场景中创建一个没有边界的平面区域，如图 7-4 所示，根据需要调整角度后，渲染的效果如图 7-5 所示。

图 7-4   图 7-5

7.1.2 天空

"天空"工具通常用于模拟真实的天空。使用该工具可以创建一个无限大的球体场景，如图 7-6 所示，渲染后的效果如图 7-7 所示。

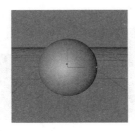

图 7-6   图 7-7

7.1.3　课堂案例——制作耳机环境

【案例学习目标】使用场景工具制作耳机环境。

【案例知识要点】使用"物理天空"工具制作耳机环境。最终效果如图 7-8 所示。

制作耳机环境

【效果所在位置】云盘\Ch07\制作耳机环境\工程文件.c4d。

（1）启动 Cinema 4D S24。单击 "编辑渲染设置"按钮，弹出"渲染设置"对话框。在"输出"选项组中设置"宽度"为 1242 像素，"高度"2208 像素，如图 7-9 所示，单击"关闭"按钮，关闭对话框。

图 7-8

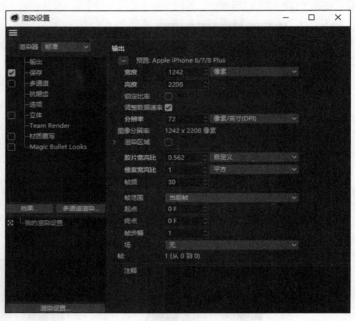

图 7-9

（2）选择"文件 > 合并项目"命令，在弹出的"打开文件"对话框中选择云盘中的"Ch07\制作耳机环境\素材\01.c4d"文件，单击"打开"按钮，打开文件。在"对象"面板中，单击"摄像机"对象右侧的 按钮，如图 7-10 所示，进入摄像机视图。视图窗口中的效果如图 7-11 所示。

（3）选择"物理天空"工具，在"对象"面板中生成一个物理天空对象，如图 7-12 所示。在"属性"面板的"天空"选项卡中设置"颜色暖度"为 20%，如图 7-13 所示在"太阳"选项卡中，勾选"自定义颜色"复选框，设置"H"为 66°，"S"为 10%，"V"为 98%，展开"投影"选项，设置"类型"为无，如图 7-14 所示。耳机环境制作完成。

图 7-10

图 7-11

图 7-12

图 7-13   图 7-14

7.1.4　物理天空

"物理天空"工具 的功能与"天空"工具 类似，用它同样可以创建一个无限大的球体场景，如图 7-15 所示，添加区域光后，渲染的效果如图 7-16 所示。它们的区别在于"物理天空"工具 的"属性"面板中增加了"时间与区域""天空""太阳""细节"选项卡，可以在其中设置不同的地理位置和时间，使环境显示出不同的效果。

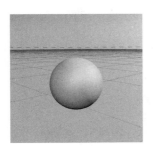

图 7-15   图 7-16

7.2　常用渲染器

渲染是三维设计中的重要环节，直接影响了最终的效果，因此选择合适的渲染器非常重要。Cinema 4D S24 中的常用渲染器包括"标准"渲染器"物理"渲染器、"ProRender"渲染器、"Octane Render"渲染器、"Arnold"渲染器、"RedShift"渲染器。下面分别对这些常用的渲染器进行讲解。

7.2.1　标准渲染器与物理渲染器

在"渲染设置"对话框中单击"渲染器"右侧的下拉按钮，在弹出的下拉列表中可以选择预置的渲染器，如图 7-17 所示，其中"标准"渲染器和"物理"渲染器较为常用。

图 7-17

"标准"渲染器是 Cinema 4D S24 默认的渲染器，但用它不能渲染景深和模糊效果。

"物理"渲染器采用基于物理的渲染方式，用它能够模拟真实的物理环境，但其渲染速度较慢。

7.2.2 ProRender 渲染器

ProRender 渲染器是一款 GPU 渲染器，依靠显卡进行渲染。该渲染器是一款插件渲染器，与 Cinema 4D 中预置的渲染器相比，渲染速度更快，但对计算机显卡的性能要求较高。

7.2.3 Octane Render 渲染器

Octane Render 渲染器是一款 GPU 渲染器，它也是 Cinema 4D 中一款常用的插件渲染器。该渲染器在自发光和 SSS 材质表现上有着非常显著的优势，并具有渲染速度快、光线效果柔和、渲染效果真实、自然的特点。

7.2.4 Arnold 渲染器

Arnold 渲染器是一款基于物理的光线追踪引擎的渲染器，支持 CPU 和 GPU 两种渲染模式。该渲染器的渲染效果具有稳定和真实的特点，但对 CPU 的配置要求较高。如果 CPU 配置不足，那么用它渲染玻璃等透明类材质时速度较慢。

7.2.5 RedShift 渲染器

RedShift 渲染器是一款 GPU 渲染器。该渲染器拥有强大的节点系统，且渲染速度较快，适合在进行艺术创作和动画制作时使用。

7.3 渲染工具组

Cinema 4D S24 提供了两种渲染工具，分别为"渲染活动视图"工具█和"渲染到图像查看器"工具█，下面分别进行讲解。

7.3.1 渲染活动视图

选择工具栏中的"渲染活动视图"工具█，可以在视图窗口中直接预览渲染效果，但不能导出渲染图像，如图 7-18 所示。在视图窗口中的任意位置单击，将退出渲染状态，切换成普通场景状态，如图 7-19 所示。

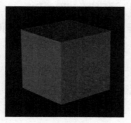
图 7-18

图 7-19

7.3.2 渲染到图像查看器

选择工具栏中的"渲染到图像查看器"工具 ，弹出"图像查看器"对话框，如图 7-20 所示，在其中能够预览渲染效果并导出图像。

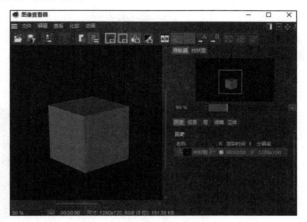

图 7-20

7.4 渲染设置

当场景制作完成后，需要设置渲染器的各项属性，并进行渲染输出。选择工具栏中的"渲染设置"工具 ，弹出"渲染设置"对话框，如图 7-21 所示，在其中进行设置即可。

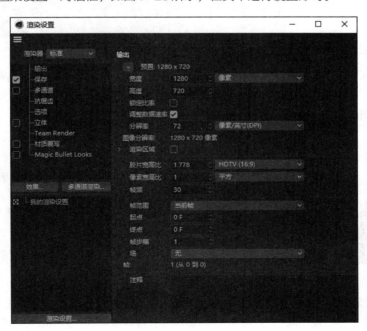

图 7-21

7.4.1 课堂案例——进行耳机渲染

【案例学习目标】使用"渲染设置"对话框渲染耳机场景。

【案例知识要点】使用"渲染设置"对话框渲染耳机场景。最终效果如图 7-22 所示。

【效果所在位置】云盘\Ch07\进行耳机渲染\工程文件.c4d。

进行耳机渲染

（1）启动 Cinema 4D S24，单击"编辑渲染设置"按钮 ，弹出"渲染设置"对话框。在"输出"选项组中设置"宽度"为 1242 像素，"高度"2208 像素，如图 7-23 所示。单击"关闭"按钮，关闭对话框。

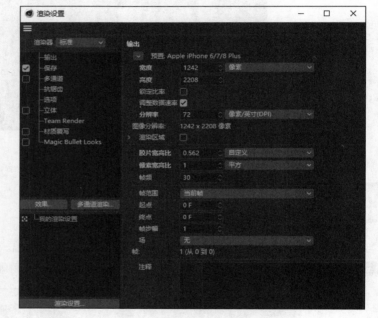

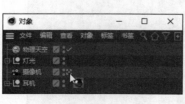

图 7-22   图 7-23

（2）选择"文件 > 合并项目"命令，在弹出的"打开文件"对话框中选择云盘中的"Ch07\进行耳机渲染\素材\01.c4d"文件，单击"打开"按钮，打开文件。在"对象"面板中单击"摄像机"对象右侧的 按钮，如图 7-24 所示，进入摄像机视图。视图窗口中的效果如图 7-25 所示。

图 7-24   图 7-25

（3）单击"编辑渲染设置"按钮 ，在弹出的"渲染设置"对话框中设置"渲染器"为物理，在左侧列表中勾选"保存"复选框，切换到相应的对话框，设置"格式"为 PNG，如图 7-26 所示。单击"效果"按钮 效果... ，在弹出的列表中分别选择"环境吸收"和"全局光照"选项，在"输出"列表中添加"环境吸收"选项和"全局光照"选项。设置"预设"选项为"内部-高(小光源)",如图 7-27 所示。单击"关闭"按钮,关闭对话框。

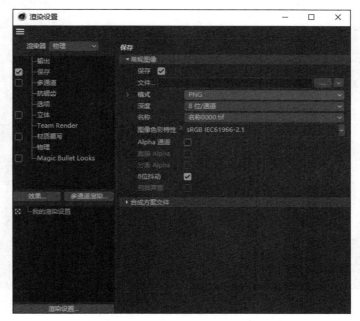

图 7-26

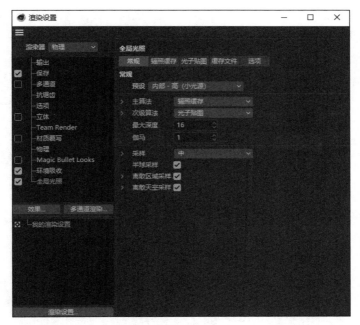

图 7-27

(4)单击"渲染到图像查看器"按钮 ▶️ ,弹出"图像查看器"对话框,如图 7-28 所示。渲染完成后,单击对话框中的"将图像另存为"按钮 🖼️ ,弹出"保存"对话框,如图 7-29 所示。

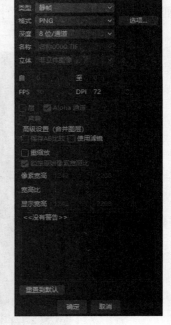

图 7-28   图 7-29

7.4.2 输出

在"渲染设置"对话框中"左侧列表"选择"输出"选项，如图 7-30 所示。可以在右侧区域设置渲染图像的"宽度""高度""分辨率""帧"范围等。

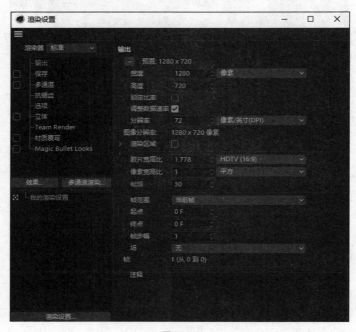

图 7-30

7.4.3 保存

在"渲染设置"对话框左侧列表中勾选"保存"复选框，如图 7-31 所示。可以在右侧区域设置场景动画的保存"路径""格式"等。

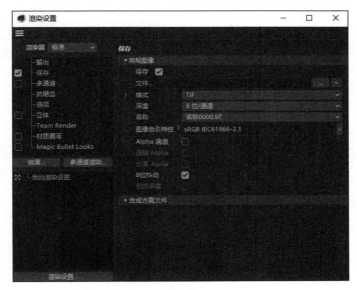

图 7-31

7.4.4 多通道

在"渲染设置"对话框左侧列表中勾选"多通道"复选框，如图 7-32 所示。可以在右侧区域通过设置"分离灯光"选项和"模式"选项将场景中的通道单独渲染出来，以便在后期软件中进行调整，这就是通常所说的"分层渲染"。

图 7-32

7.4.5　抗锯齿

在"渲染设置"对话框左侧列表中选择"抗锯齿"选项，如图 7-33 所示。可以在右侧区域消除渲染图像边缘的锯齿，使图像的边缘更加平滑。该选项只能在"标准"渲染器中使用。

图 7-33

7.4.6　选项

在"渲染设置"对话框左侧列表中选择"选项"选项，如图 7-34 所示。可以在右侧区域设置图像渲染的整体效果，通常保持默认设置即可。

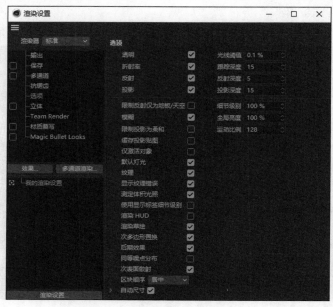

图 7-34

7.4.7 物理

在"渲染器"类型为"物理"的情况下，系统会自动添加"物理"选项，如图 7-35 所示。选择该选项，在右侧区域不仅可以设置景深或运动模糊的效果，还可以设置抗锯齿的类型和等级。

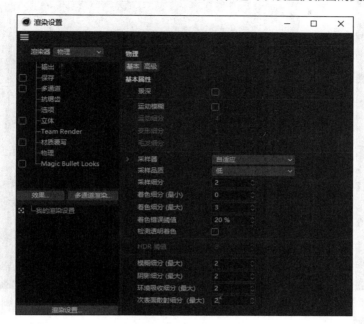

图 7-35

7.4.8 全局光照

"全局光照"是常用的渲染设置之一，用它可以计算出场景的全局光照效果，并能使渲染的图片中的光影关系更加真实。

在"渲染设置"对话框中单击"效果"按钮 效果... ，在弹出的下拉列表中选择"全局光照"选项，如图 7-36 所示，即可在"渲染设置"对话框左侧列表中生成"全局光照"复选框，其属性设置如图 7-37 所示。

7.4.9 对象辉光

只有勾选了"对象辉光"复选框，才能够渲染出场景中的辉光效果。"对象辉光"没有属性，具体的属性需要在"渲染设置"对话框中设置。

在"渲染设置"对话框中单击"效果"按钮 效果... ，在弹出的下拉列表中选择"对象辉光"选项，如图 7-38 所示，即可在"渲染设置"对话框左侧列表中生成"对象辉光"复选框，其属性设置如图 7-39 所示。

图 7-36

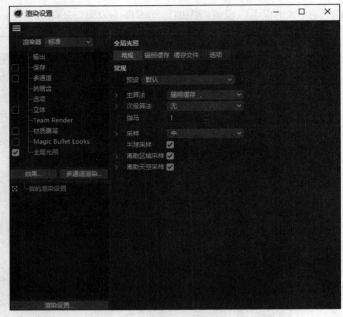

图 7-37

图 7-38

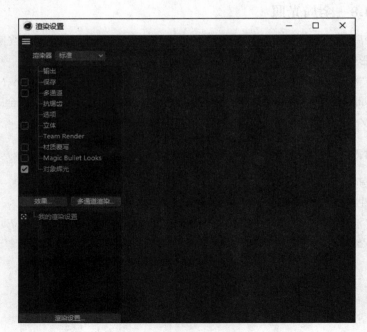

图 7-39

7.4.10　环境吸收

　　"环境吸收"同样是常用的渲染设置之一，具有增强场景模型整体的阴影效果，使其更加立体的特点。"环境吸收"的属性设置通常保持默认即可。

　　在"渲染设置"对话框中单击"效果"按钮 ▮▮▮▮ 效果... ▮▮▮▮ ，在弹出的下拉列表中选择"环境吸收"选项，如图 7-40 所示，即可在"渲染设置"对话框左侧列表中生成"环境吸收"复选框，其属性设置如图 7-41 所示。

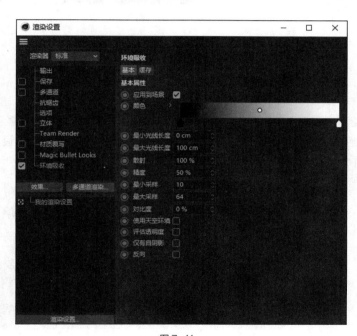

图 7-40　　　　　　　　　　　　　　　　图 7-41

7.5　课堂练习——进行饮料瓶渲染

　　【练习学习目标】使用场景工具模拟环境，使用"渲染设置"面板渲染场景。

　　【练习知识要点】使用"样条画笔"工具 ✐ 、"倒角"命令、"矩形"工具 □ 和"扫描"工具 ✐ 制作背景板，使用"材质"面板创建材质并设置材质参数，使用"天空"工具 ⊙ 天空 模拟环境，使用"渲染设置"对话框渲染场景。最终效果如图 7-42 所示。

　　【效果所在位置】云盘\Ch07\进行饮料瓶渲染\工程文件.c4d。

进行饮料瓶渲染

图 7-42

7.6 课后习题——进行吹风机渲染

【习题学习目标】使用场景工具模拟环境，使用"渲染设置"对话框渲染场景。

【习题知识要点】使用"物理天空"工具  模拟环境，使用"渲染设置"对话框渲染场景。最终效果如图 7-43 所示。

进行吹风机渲染

图 7-43

【效果所在位置】云盘\Ch07\进行吹风机渲染\工程文件.c4d。

08

第 8 章
Cinema 4D 运动图形

本章介绍

　　Cinema 4D 运动图形提供了一套全新的、高效的建模方法，用它能够制作出各种奇妙的动画效果。本章将对 Cinema 4D S24 的运动图形工具、效果器及域等进行系统讲解。通过本章的学习，读者可以对 Cinema 4D 运动图形有一个全面的认识，并能快速掌握常用运动图形的制作方法与技巧。

学习目标

知识目标	能力目标	素质目标
1. 掌握制作运动图形的常用工具 2. 掌握常用的效果器 3. 掌握常用的域	1. 掌握使用运动图形工具建立模型的方法 2. 掌握使用效果器制作动画的方法 3. 掌握使用域制作动画的方法	1. 培养细致的观察能力 2. 培养动画审美能力

8.1　运动图形工具

在菜单栏中展开"运动图形"菜单，如图 8-1 所示。在菜单中单击需要的图标，即可创建相应的运动图形。使用运动图形可以快速制作出复杂的模型或有创意的动画效果，能够有效降低模型制作的难度，提高制作效率。

图 8-1

8.1.1　课堂案例——制作背景装饰

【案例学习目标】使用运动图形工具制作背景装饰。

【案例知识要点】使用"克隆"工具 制作背景。最终效果如图 8-2 所示。

【效果所在位置】云盘\Ch08\制作背景装饰\工程文件.c4d。

制作背景装饰

（1）启动 Cinema 4D S24。单击 "编辑渲染设置"按钮 ，弹出"渲染设置"对话框。在"输出"选项组中设置"宽度"为 750 像素，"高度"为 1624 像素，如图 8-3 所示，单击"关闭"按钮，关闭对话框。

（2）选择"文件 > 合并项目"命令，在弹出的"打开文件"对话框中，选择云盘中的"Ch08\制作背景装饰\素材\01"文件，单击"打开"按钮，打开文件。视图窗口中的效果如图 8-4 所示。

（3）选择"立方体"工具 ，在"对象"面板中生成一个立方体对象，将其重命名为"背景装饰"，如图 8-5 所示。

（4）在"属性"面板的"对象"选项卡中设置"尺寸.X"为 20cm、"尺寸.Y"为 20cm，"尺寸.Z"为 20cm，如图 8-6 所示。在"坐标"面板的"位置"选项组中设置"X"为-12cm，"Y"为 156cm，"Z"为 184cm，如图 8-7 所示。视图窗口中的效果如图 8-8 所示。

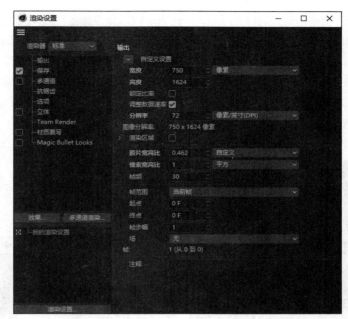

图 8-2 图 8-3

图 8-4

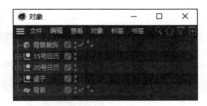

图 8-5

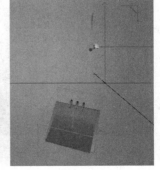

图 8-6 图 8-7 图 8-8

（5）选中"背景装饰"对象，按住 Alt 键选择"克隆"工具，为"背景装饰"对象生成一个克隆对象的父级对象。在"属性"面板的"对象"选项卡中设置"数量"为 8、16、1，设置"尺寸"为 80cm、100cm、200cm，如图 8-9 所示。视图窗口中的效果如图 8-10 所示。

（6）选择"空白"工具，在"对象"面板中生成一个空白对象，将其重命名为"场景"。框选需要的对象，将选中的对象拖曳到场景对象的下方，如图 8-11 所示，折叠"场景"对象组。背景装饰制作完成。

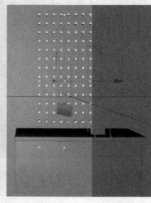

图 8-9 　　　　　　　　　　　图 8-10 　　　　　　　　　　　图 8-11

8.1.2 克隆

"克隆"工具是常用的运动图形工具，用它不仅可以将绘制的参数化对象按照设定的方式进行复制，如图 8-12 所示，还可以根据需要搭配效果器使用。"属性"面板中会显示克隆对象的属性，其常用的属性位于"对象""变换""效果器"3 个选项卡内。在"对象"面板中将修改的对象设置为克隆对象的子级对象，对属性进行设置后，该修改对象才会被复制。

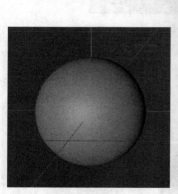

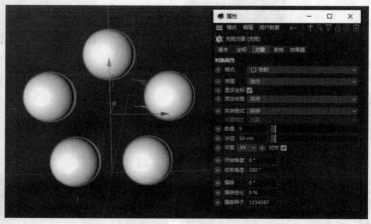

图 8-12

8.1.3　破碎

"破碎(Voronoi)"工具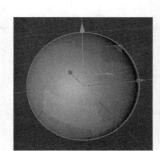用于将一个完整的参数化对象分裂为多个碎片，并且碎片都是运动图形对象，如图 8-13 所示，该工具也可以根据需要搭配效果器使用。"属性"面板中会显示破碎对象的属性，其常用的属性位于"对象""来源""排序""细节""连接器""几何粘连""变换""效果器""选集" 9 个选项卡内。在"对象"面板中将修改的对象设置为破碎对象的子级对象，对属性进行设置后，该参数化对象才会出现破碎效果。

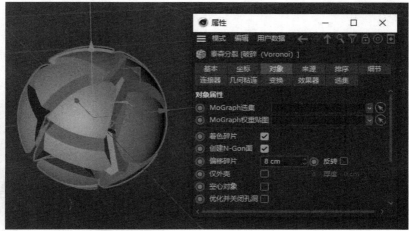

图 8-13

8.1.4　追踪对象

"追踪对象"工具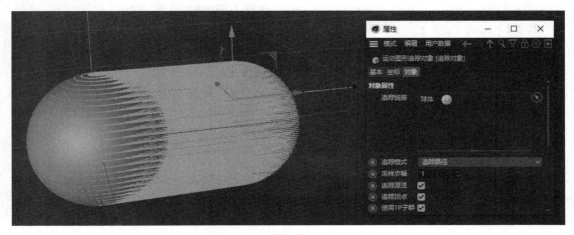用于追踪运动对象的顶点位置，并产生路径。将对象面板中的运动对象拖曳到追踪对象"属性"面板下方的"追踪链接"右侧列表框内，为其添加动画效果后，单击"向前播放"按钮▶，会以动画的路径生成样条，如图 8-14 所示，"追踪对象"工具同样可以搭配效果器使用。"属性"面板中会显示追踪对象的属性，其常用的属性位于"坐标"及"对象"两个选项卡内。

图 8-14

8.2 效果器

效果器通常用来为运动图形对象添加丰富的效果，也可以用于将参数化对象直接变形。效果器的使用方法非常灵活，可以单独使用，也可以组合使用。选择"运动图形 > 效果器"命令，弹出下拉菜单，如图 8-15 所示。在菜单中单击需要的图标，即可创建相应的效果器。

图 8-15

8.2.1 课堂案例——制作背景动画

【案例学习目标】使用效果器和关键帧制作背景动画。

【案例知识要点】使用"简易"工具 制作动画效果，使用"记录活动对象"按钮记录关键帧，使用"坐标"面板调整图形位置，使用"编辑渲染设置"按钮和"渲染到图像查看器"按钮渲染动画效果。最终效果如图 8-16 所示。

制作背景动画

【效果所在位置】云盘\Ch08\制作背景动画\工程文件.c4d。

（1）启动 Cinema 4D。单击"编辑渲染设置"按钮 ，弹出"渲染设置"对话框。在"输出"选项组中设置"宽度"为 750 像素，"高度"为 1624 像素，如图 8-17 所示，单击"关闭"按钮，关闭对话框。

（2）选择"文件 > 合并项目"命令，在弹出的"打开文件"对话框中选择云盘中的"Ch08\制作背景动画\素材\01.c4d"文件，单击"打开"按钮，打开文件。在"对象"面板中单击摄像机对象右侧的 按钮，如图 8-18 所示，进入摄像机视图。

图 8-16

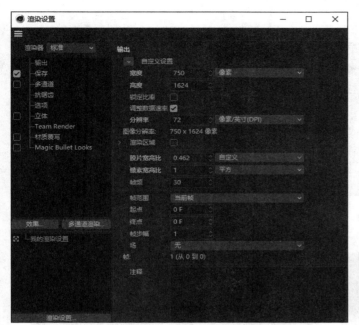

图 8-17

图 8-18

（3）在"对象"面板中展开"场景"对象组，选中克隆对象，如图 8-19 所示。选择"运动图形 >
效果器 > 简易"命令，在"对象"面板中生成一个简易对象，如图 8-20 所示。

图 8-19

图 8-20

（4）在"属性"面板的"参数"选项卡中设置"P.X"为 0cm，"P.Y"为 0cm，"P.Z"为 -100cm，
如图 8-21 所示。在"衰减"选项卡中单击下方第一个按钮，在弹出的列表中选择"线性域"选项，
单击下方第三个按钮 C 限制，在弹出的列表中选择"延迟"选项，如图 8-22 所示。

（5）在"对象"面板中选中线性域对象，将时间滑块放置在 0F 的位置。在"坐标"面板的"位
置"选项组中设置"对象(相对)"为"世界坐标"，"X"为 525cm，如图 8-23 所示。在"时间线"
面板中单击"记录活动对象"按钮 ，在 0F 的位置记录关键帧，如图 8-24 所示。

（6）在"时间线"面板中将场景结束帧设为 150F，按 Enter 键确定操作。将时间滑块放置在 70F
的位置。在"坐标"面板的"位置"选项组中设置"X"为 -702cm，"Y"为 0cm，"Z"为 0cm，如
图 8-25 所示。在"时间线"面板中单击"记录活动对象"按钮 ，在 70F 的位置记录关键帧，
如图 8-26 所示。

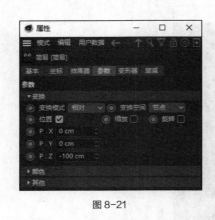

图 8-21

图 8-22

图 8-23

图 8-24

图 8-25

图 8-26

（7）将时间滑块放置在 140F 的位置。在"坐标"面板的"位置"选项组中设置"X"为 577cm，"Y"为 0cm，"Z"为 0cm，如图 8-27 所示。在"时间线"面板中单击"记录活动对象"按钮 ，在 140F 的位置记录关键帧，如图 8-28 所示。

图 8-27

图 8-28

（8）单击"编辑渲染设置"按钮 ，在弹出的"渲染设置"对话框中设置"渲染器"为"物理"，"帧频"为 25，"帧范围"为全部帧，如图 8-29 所示。在左侧列表中勾选"保存"复选框，在右侧区域设置"格式"为 MP4，如图 8-30 所示。

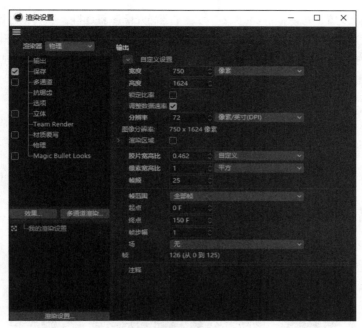

图 8-29

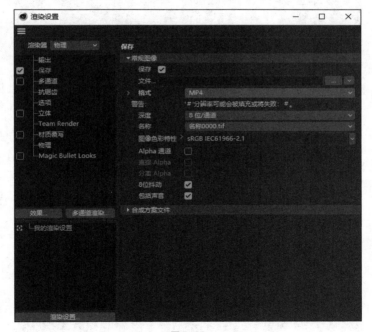

图 8-30

（9）单击"效果"按钮 ，在弹出的列表中选择"全局光照"选项，在"渲染设置"对话框左侧列表中添加"全局光照"复选框。单击"效果"按钮 ，在弹出的列表中选择"环境吸收"选项，在"渲染设置"对话框左侧列表中添加"环境吸收"复选框。单击"效果"按钮 ，在弹出的列表中选择"对象辉光"选项，在"渲染设置"对话框左侧列表中添加"对象辉光"复选框。

（10）在"渲染设置"对话框左侧列表中勾选"全局光照"复选框，在右侧区域设置"预设"为
"内部-高(小光源)"，如图 8-31 所示。在"渲染设置"对话框左侧列表中勾选"环境吸收"复选框，
在右侧区域设置"最大光线长度"为 10cm，勾选"评估透明度"复选框和"仅有自阴影"复选框，
如图 8-32 所示。单击"关闭"按钮，关闭对话框。

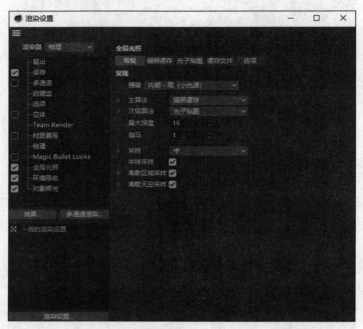

图 8-31

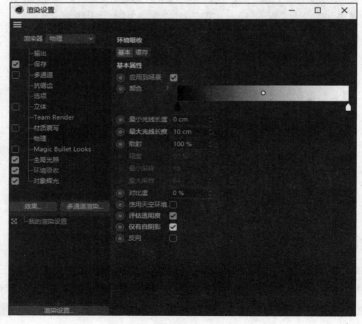

图 8-32

（11）单击"渲染到图像查看器"按钮，弹出"图像查看器"对话框，如图 8-33 所示。渲染完成后，单击对话框中的"将图像另存为"按钮，弹出"保存"对话框，如图 8-34 所示。单击"确定"按钮，弹出"保存对话"对话框，在对话框中选择要保存文件的位置，并在"文件名"文本框中输入名称，设置完成后，单击"保存"按钮，保存图像。背景动画制作完成。

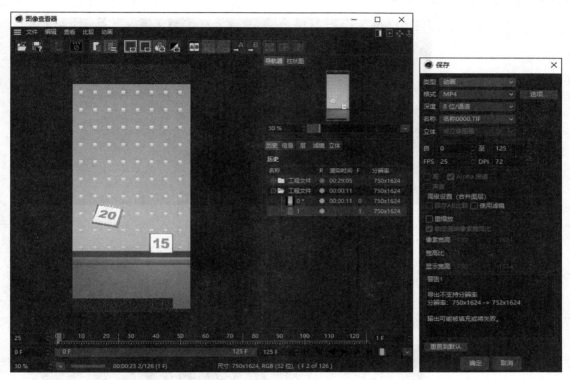

图 8-33   图 8-34

8.2.2　简易

"简易"效果器不同于其他效果器，它的用法非常简单，只需要调节其"属性"面板下的各项属性，即可修改对象的效果。"属性"面板中会显示"简易"效果器的属性，其常用的属性位于"效果器""参数""变形器""衰减"4 个选项卡内。为克隆对象添加"简易"效果器并调节其属性，效果如图 8-35 所示。

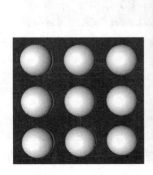
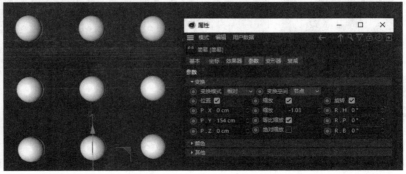

图 8-35

8.2.3　随机

"随机"效果器是常用的效果器，用它可以使运动图形对象形成不同的随机效果。其常用的属性同样位于"效果器""参数""变形器""衰减"4 个选项卡内。为克隆对象添加"随机"效果器并调节其属性，效果如图 8-36 所示。

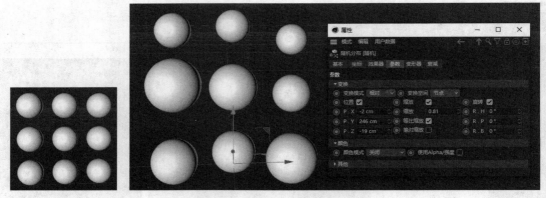

图 8-36

8.2.4　着色

在添加了"着色"效果器后，会默认放大运动图形对象，这时需要在"属性"面板中的"参数"选项卡中进行调节。与其他效果器相比，其常用的属性增加了"着色"选项卡，可以为对象添加贴图效果。为克隆对象添加"着色"效果器并添加噪波贴图，效果如图 8-37 所示。

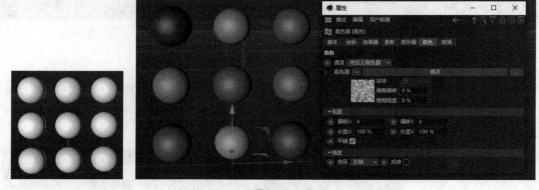

图 8-37

8.3　域

在低于 R20 版本的 Cinema 4D 中，衰减效果内置于其他工具中。在 Cinema 4D R20 及之后的版本中则将衰减效果集合在域对象中，方便用户使用。使用域对象可以改变效果器衰减的形态，在效果器"属性"面板中的"衰减"选项卡中，长按"线性域"按钮，弹出下拉列表，如图 8-38 所示。

图 8-38

8.3.1 课堂案例——制作标题动画

【案例学习目标】使用效果器和关键帧制作标题动画。

【案例知识要点】使用"破碎"工具和"简易"工具制作动画效果，使用"记录活动对象"按钮记录关键帧，使用"坐标"面板调整图形位置，使用"编辑渲染设置"按钮和"渲染到图像查看器"按钮渲染动画效果。最终效果如图 8-39 所示。

制作标题动画

【效果所在位置】云盘\Ch08\制作标题动画\工程文件.c4d。

（1）启动 Cinema 4D S24。单击"编辑渲染设置"按钮 ⚙，弹出"渲染设置"对话框。在"输出"选项组中设置"宽度"为 750 像素，"高度"为 1624 像素，如图 8-40 所示，单击"关闭"按钮，关闭对话框。

图 8-39

图 8-40

（2）选择"文件 > 合并项目"命令，在弹出的"打开文件"
对话框中选择云盘中的"Ch08\制作标题动画\素材\01"文件，
单击"打开"按钮，打开文件。在"对象"面板中单击摄像机对
象右侧的■■按钮，如图 8-41 所示，进入摄像机视图。

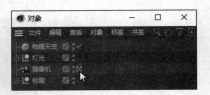

图 8-41

（3）在"对象"面板中展开"标题"对象组，选中"小标题"
对象组，如图 8-42 所示。按住 Alt 键选择"运动图形 > 破碎"
命令，为"小标题"对象组生成一个破碎对象的父级对象，如图 8-43 所示。

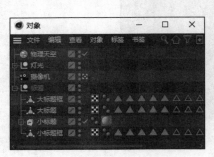

图 8-42

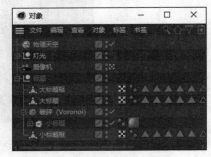

图 8-43

（4）在"属性"面板的"来源"选项卡中单击"√"按钮，如图 8-44 所示，使其变为"×"按
钮，如图 8-45 所示。在"对象"选项卡中取消勾选"着色碎片"复选框，如图 8-46 所示。

图 8-44

图 8-45

（5）在"对象"面板中选中"破碎"对象组，选择"运动图
形 > 效果器 > 简易"命令，在"对象"面板中生成一个"简易"
对象，如图 8-47 所示。在"属性"面板的"参数"选项卡中设
置"P.X"为 0cm，"P.Y"为 450cm，"P.Z"为 0cm，分别勾选
"缩放""等比缩放"复选框和"绝对缩放"复选框，设置"缩
放"为-0.6，勾选"旋转"复选框，设置"R.H"为 0°，"R.P"
为 150°，"R.B"为 0°，如图 8-48 所示。在"衰减"选项卡中
单击下方第一个按钮■■ 线性域，在弹出的列表中选择"线性域"选
项，如图 8-49 所示。

图 8-46

图 8-47

图 8-48

（6）在"对象"面板中选中"线性域"对象，在"属性"面板的"域"选项卡中设置"长度"为 40cm，其他选项的设置如图 8-50 所示。

图 8-49

图 8-50

（7）将时间滑块放置在 0F 的位置。在"坐标"面板的"位置"选项组中设置"对象(相对)"为"世界坐标"，"X"为-365cm，"Y"为 364cm，"Z"为-4cm，如图 8-51 所示。在"时间线"面板中单击"记录活动对象"按钮 ，在 0F 的位置记录关键帧，如图 8-52 所示。

图 8-51

图 8-52

（8）在"时间线"面板中将场景结束帧设为 150F，按 Enter 键确定操作。将时间滑块放置在 150F 的位置。在"坐标"面板的"位置"选项组中设置"X"为 319cm，"Y"为 364cm，"Z"为-4cm，如图 8-53 所示。在"时间线"面板中单击"记录活动对象"按钮 ，在 150F 的位置记录关键帧，如图 8-54 所示。

图 8-53　　　　　　　　　　　　　　　　　　　　　　图 8-54

（9）在"对象"面板中选中大标题对象，如图 8-55 所示。按住 Alt 键选择"运动图形 > 破碎"命令，为大标题对象生成一个破碎对象的父级对象，如图 8-56 所示。

图 8-55　　　　　　　　　　　　　　　　　　　　　　图 8-56

（10）在"属性"面板的"来源"选项卡中，单击"√"按钮，使其变为"×"按钮，如图 8-57 所示。在"对象"选项卡中取消勾选"着色碎片"复选框，如图 8-58 所示。选中"对象"面板中的"简易"对象组，将其拖曳到"属性"面板"效果器"选项卡的"效果器"列表框中，如图 8-59 所示。折叠"标题"对象组和"简易"对象组。

图 8-57　　　　　　　　　　　　　　　　　　　　　　图 8-58

（11）单击"编辑渲染设置"按钮 ⚙，在弹出的"渲染设置"对话框中设置"渲染器"为"物理"，"帧频"为 25，"帧范围"为全部帧，如图 8-60 所示。在对话框左侧列表中勾选"保存"复选框，在右侧区域设置"格式"为 MP4，如图 8-61 所示。

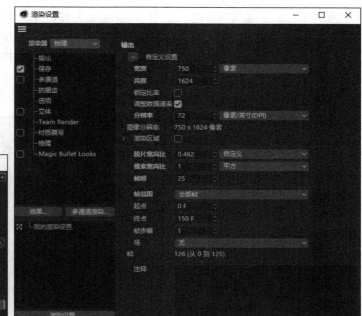

图 8-59   图 8-60

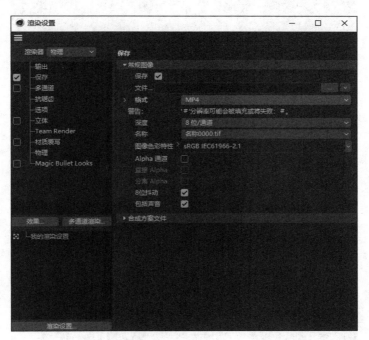

图 8-61

（12）单击"效果"按钮，在弹出的列表中选择"全局光照"选项，在"渲染设置"对话框左侧
列表中添加"全局光照"复选框。单击"效果"按钮，在弹出的列表中选择"环境吸收"选项，在"渲
染设置"对话框左侧列表中添加"环境吸收"复选框。单击"效果"按钮，在弹出的列表中选择"对
象辉光"选项，在"渲染设置"对话框左侧列表中添加"对象辉光"复选框。

（13）在"渲染设置"对话框左侧列表中勾选"全局光照"复选框，在右侧区域设置"预设"为"内部-高(小光源)"，如图 8-62 所示。在左侧列表中勾选"环境吸收"复选框，在右侧区域设置"最大光线长度"为 10cm，勾选"评估透明度"复选框和"仅有自阴影"复选框，如图 8-63 所示。单击"关闭"按钮，关闭对话框。

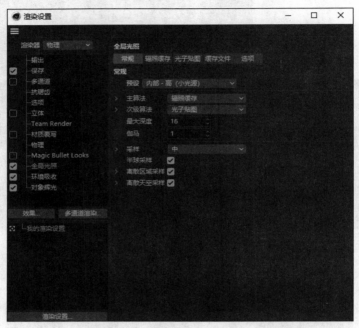

图 8-62

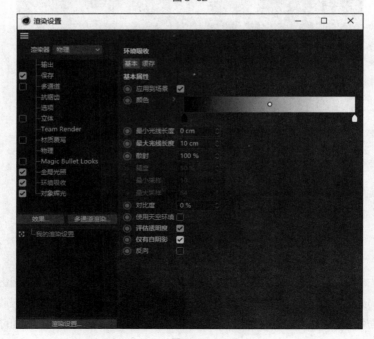

图 8-63

（14）单击"渲染到图像查看器"按钮，弹出"图像查看器"对话框，如图 8-64 所示。渲染
完成后，单击对话框中的"将图像另存为"按钮，弹出"保存"对话框，如图 8-65 所示。单击"确
定"按钮，弹出"保存对话"对话框，在对话框中选择要保存文件的位置，并在"文件名"文本框中
输入名称。设置完成后，单击"保存"按钮，保存图像。标题动画制作完成。

图 8-64

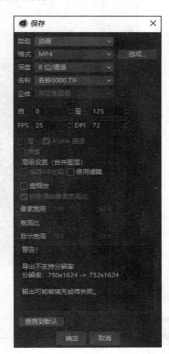

图 8-65

8.3.2 线性域

所有域对象的"属性"面板中的选项卡都是一致的。为效果器添加"线性域"后，会在场景中生
成一个线性的衰减区域，如图 8-66 所示。

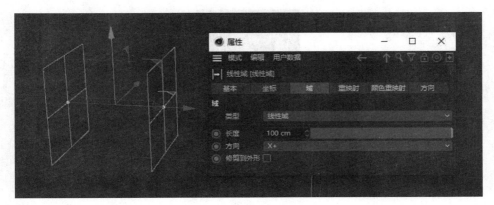

图 8-66

8.3.3 随机域

为效果器添加"随机域"后，会在场景中生成一个立方体的衰减区域，如图 8-67 所示。

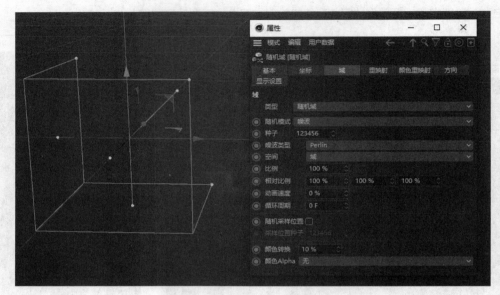

图 8-67

8.4 课堂练习——制作地面动画

【练习学习目标】使用运动图形工具、效果器和关键帧制作地面动画。

【练习知识要点】使用"破碎"工具 和"简易"工具 制作动画效果，使用"线性域"添加关键帧，使用"时间线窗口"命令调节动画效果，使用"编辑渲染设置"按钮和"渲染到图像查看器"按钮渲染动画效果。最终效果如图 8-68 所示。

制作地面动画

图 8-68

【效果所在位置】云盘\Ch08\制作地面动画\工程文件.c4d。

8.5 课后习题——制作文字动画

【习题学习目标】使用运动图形工具、效果器和关键帧制作文字动画。

【习题知识要点】使用"破碎"工具■和"简易"工具■制作动画效果，使用"线性域"添加关键帧，使用"时间线"面板调节动画效果，使用"编辑渲染设置"按钮和"渲染到图像查看器"按钮渲染动画效果。最终效果如图 8-69 所示。

制作文字动画

图 8-69

【效果所在位置】云盘\Ch08\制作文字动画\工程文件.c4d。

09

第 9 章
Cinema 4D 动力学技术

本章介绍

　　使用 Cinema 4D 动力学技术可以快速地模拟出真实世界中物体之间的物理作用效果，如不同物体间发生的碰撞等，它是制作动画的一项重要技术。本章将对 Cinema 4D S24 的模拟标签及动力学辅助器等进行系统讲解。通过本章的学习，读者可以对 Cinema 4D 动力学技术有一个全面的认识，并能掌握常用动力学的制作方法与技巧。

学习目标

知识目标	能力目标	素质目标
1. 掌握常用的模拟标签 2. 掌握动力学辅助器的常用命令	1. 掌握弹跳动画的制作方法 2. 掌握膨胀动画的制作方法	培养科学探索的精神

9.1 模拟标签

　　模拟标签是用来为对象添加动力学属性的标签，添加了模拟标签的对象可以模拟刚体、柔体和布料 3 种类型的动力学效果。在"对象"面板中，用鼠标右键单击需要添加模拟标签的对象，在弹出的快捷菜单中选择"模拟标签"命令，可以为对象添加需要的模拟标签，如图 9-1 所示。

图 9-1

9.1.1 课堂案例——制作小球弹跳动画

【案例学习目标】使用模拟标签制作小球弹跳动画。

【案例知识要点】使用柔体和碰撞体制作动画效果，使用"坐标"面板调整小球位置，使用"编辑渲染设置"按钮和"渲染到图像查看器"按钮渲染动画效果。最终效果如图 9-2 所示。

【效果所在位置】云盘\Ch09\制作小球弹跳动画\工程文件.c4d。

（1）启动 Cinema 4D S24。单击 "编辑渲染设置"按钮 ⚙，弹出"渲染设置"对话框。在"输出"选项组中设置"宽度"为 750 像素，"高度"为 1624 像素，如图 9-3 所示，单击"关闭"按钮，关闭对话框。

（2）选择"文件 > 合并项目"命令，在弹出的"打开文件"对话框中选择云盘中的"Ch09\制作小球弹跳动画\素材\01.c4d"文件，单击"打开"按钮，打开文件。在"对象"面板中单击摄像机对象右侧的█按钮，如图 9-4 所示，进入摄像机视图。视图窗口中的效果如图 9-5 所示。

图 9-2

图 9-3

制作小球弹跳
动画

图 9-4

（3）在"对象"面板中展开"场景"对象组，选中"装饰球"对象组，如图 9-6 所示。按住 Alt
键选择"细分曲面"工具，在"对象"面板中为"装饰球"对象组生成一个"细分曲面"对象的父
级对象，如图 9-7 所示。

图 9-5   图 9-6

（4）用鼠标右键单击装饰球对象，在弹出的快捷菜单中选择"模拟标签 > 柔体"命令，为对象
添加模拟标签，如图 9-8 所示。

图 9-7   图 9-8

（5）在"属性"面板的"碰撞"选项卡中设置"反弹"为 20%，如图 9-9 所示。在"力"选项
卡中设置"跟随旋转"为 10，如图 9-10 所示。在"柔体"选项卡中设置"构造"为 600，"斜切"
为 600，"阻尼"为 0%，"弯曲"为 500，"阻尼"为 100%，"硬度"为 400，"压力"为 10，"阻尼"
为 0%，如图 9-11 所示。

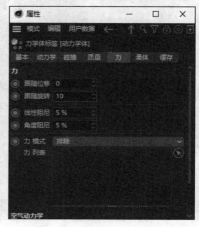

图 9-9   图 9-10

（6）分别用鼠标右键单击"底盘"对象组和背景对象，在弹出的快捷菜单中选择"模拟标签 > 碰撞体"命令，为对象分别添加模拟标签，如图 9-12 所示。

图 9-11   图 9-12

（7）在"属性"面板中选择"模式 > 工程"命令，切换到"工程"面板。在"动力学"选项卡的"常规"选项卡中设置"重力"为 800cm，如图 9-13 所示。在"高级"选项卡中设置"碰撞边界"为 0.1 cm，"缩放"为 100 cm，"步每帧"为 15，"每步最大解析器迭代"为 12，"错误阈值"为 5%，如图 9-14 所示。

图 9-13   图 9-14

（8）在"对象"面板中选中"装饰球"对象，在"坐标"面板中设置坐标为"世界坐标"，在"位置"选项组中设置"X"为 0cm，"Y"为 30cm，"Z"为 0cm，如图 9-15 所示。

图 9-15

（9）在"时间线"面板中将场景结束帧设为 50F，按 Enter 键确定操作，如图 9-16 所示。

图 9-16

（10）单击"编辑渲染设置"按钮 ⚙，在弹出的"渲染设置"对话框中设置"渲染器"为"物理"，"帧频"为 25，"帧范围"为全部帧，如图 9-17 所示。在左侧列表中勾选"保存"复选框，在右侧区域设置"格式"为 MP4，如图 9-18 所示。

图 9-17

（11）单击"效果"按钮，在弹出的列表中选择"全局光照"选项，在"渲染设置"对话框左侧列表中添加"全局光照"复选框。单击"效果"按钮，在弹出的列表中选择"环境吸收"选项，在"渲染设置"对话框左侧列表中添加"环境吸收"复选框。单击"效果"按钮，在弹出的列表中选择"对象辉光"选项，在"渲染设置"对话框左侧列表中添加"对象辉光"复选框，如图 9-19 所示。在"渲染设置"对话框左侧列表中勾选"全局光照"复选框，在右侧区域设置"预设"为"内部-高(小光源)"，如图 9-20 所示。单击"关闭"按钮，关闭对话框。

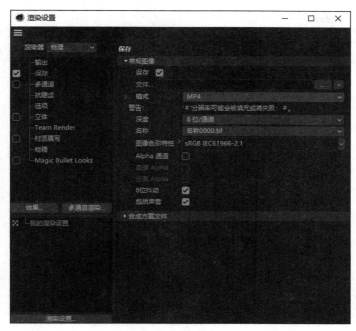

图 9-18

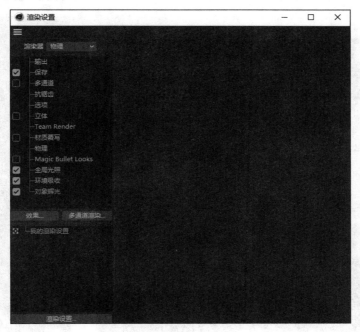

图 9-19

（12）单击"渲染到图像查看器"按钮 ，弹出"图像查看器"对话框，如图 9-21 所示。渲染完成后，单击对话框中的"将图像另存为"按钮 ，弹出"保存"对话框，如图 9-22 所示。单击"确定"按钮，在弹出的"保存对话"对话框中选择要保存文件的位置，并在"文件名"文本框中输入名称，设置完成后，单击"保存"按钮保存图像。小球弹跳动画制作完成。

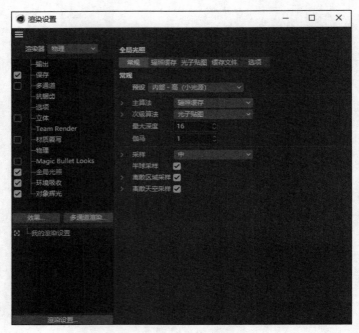

图 9-20

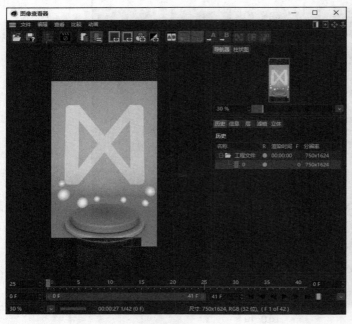

图 9-21

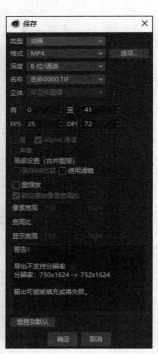

图 9-22

9.1.2 刚体

为对象添加了"刚体"标签后，在制作动力学动画时，对象将不会因碰撞而产生变形。在"对象"面板中，用鼠标右键单击需要成为刚体的对象，在弹出的快捷菜单中选择"模拟标签 >刚体"命令，即可为对象添加"刚体"标签，如图 9-23 所示。选中"刚体"标签后，可在"属性"面板中进行设置，如图 9-24 所示。

图 9-23　　　　　　　　　　　　　　图 9-24

9.1.3　柔体

为对象添加了"柔体"标签后，在制作动力学动画时，对象会因碰撞而产生变形。在"对象"面板中，用鼠标右键单击需要成为柔体的对象，在弹出的快捷菜单中选择"模拟标签 >柔体"命令，即可为对象添加"柔体"标签，如图 9-25 所示。选中"柔体"标签后，可在"属性"面板中进行设置，如图 9-26 所示。

图 9-25　　　　　　　　　　　　　　图 9-26

9.1.4　碰撞体

在制作动力学动画时，添加了"碰撞体"标签的对象是与刚体对象或柔体对象产生碰撞的对象。在"对象"面板中，用鼠标右键单击需要成为碰撞体的对象，在弹出的快捷菜单中选择"模拟标签 >碰撞体"命令，即可为对象添加"碰撞体"标签，如图 9-27 所示。选中"碰撞体"标签后，可在"属性"面板中进行设置，如图 9-28 所示。

图 9-27   图 9-28

9.1.5　课堂案例——制作抱枕膨胀动画

【案例学习目标】使用模拟标签制作抱枕膨胀动画。

【案例知识要点】使用"布料"命令、"时间线"面板和"吸引场"命令制作动画效果，使用"属性"面板调整具体属性，使用"编辑渲染设置"按钮和"渲染到图像查看器"按钮渲染动画效果。最终效果如图 9-29 所示。

制作抱枕膨胀
动画

【效果所在位置】云盘\Ch09\制作抱枕膨胀动画\工程文件.c4d。

（1）启动 Cinema 4D S24。单击"编辑渲染设置"按钮 ⚙，弹出"渲染设置"对话框。在"输出"选项组中设置"宽度"为 1400 像素，"高度"为 1064 像素，"帧频"为 25，如图 9-30 所示，单击"关闭"按钮，关闭对话框。在"属性"面板的"工程设置"选项卡中设置"帧率"为 25，如图 9-31 所示。

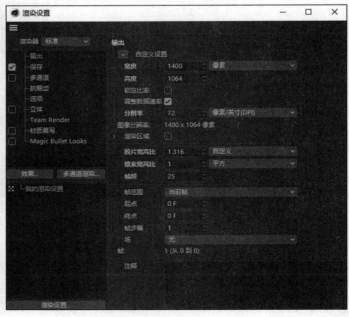

图 9-29   图 9-30

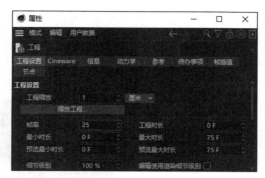

图 9-31

（2）在"时间线"面板中将场景结束帧设为 100F，按 Enter 键确定操作，如图 9-32 所示。

图 9-32

（3）选择"文件 > 合并项目"命令，在弹出的"打开文件"对话框中选择云盘中的"Ch09\制作抱枕膨胀动画\素材\01.c4d"文件，单击"打开"按钮，打开文件。在"对象"面板中单击摄像机对象右侧的█按钮，如图 9-33 所示，进入摄像机视图。视图窗口中的效果如图 9-34 所示。

图 9-33

图 9-34

（4）在"对象"面板中展开"沙发 > 抱枕细分 > 抱枕"对象组，选中长抱枕对象，如图 9-35所示。用鼠标右键单击长抱枕对象，在弹出的快捷菜单中选择"模拟标签 > 布料"命令，为对象添加模拟标签，如图 9-36 所示。

图 9-35

图 9-36

（5）在"属性"面板的"影响"选项卡中设置"重力"为 0，"黏滞"为 10%，如图 9-37 所示。在"标签"选项卡中设置"迭代"为 200，"弯曲"为 85%，"橡皮"为 5%，单击"尺寸"选项左侧的按钮，如图 9-38 所示，在 0F 的位置记录关键帧。

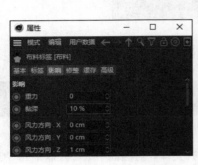

图 9-37

图 9-38

（6）将时间滑块放置在 20F 的位置。在"属性"面板的"标签"选项卡中设置"尺寸"为 101%，单击"尺寸"选项左侧的按钮，如图 9-39 所示，在 20F 的位置记录关键帧。

（7）将时间滑块放置在 40F 的位置。在"属性"面板的"标签"选项卡中设置"尺寸"为 102%，单击"尺寸"选项左侧的按钮，如图 9-40 所示，在 40F 的位置记录关键帧。将时间滑块放置在 60F 的位置。在"属性"面板的"标签"选项卡中设置"尺寸"为 105%，单击"尺寸"选项左侧的按钮，如图 9-41 所示，在 60F 的位置记录关键帧。将时间滑块放置在 80F 的位置。在"属性"面板的"标签"选项卡中设置"尺寸"为 101%，单击"尺寸"选项左侧的按钮，如图 9-42 所示，在 80F 的位置记录关键帧。

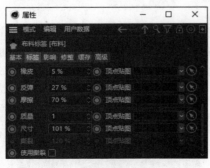

图 9-39

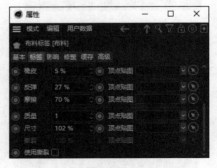

图 9-40

（8）在"对象"面板中，用鼠标右键单击左抱枕对象，在弹出的快捷菜单中选择"连接对象+删除"命令，将选中的对象连接。用鼠标右键单击左抱枕对象，在弹出的快捷菜单中选择"模拟标签 > 布料"命令，为对象添加模拟标签，如图 9-43 所示。

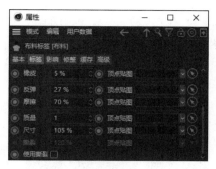

图 9-41

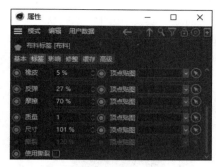

图 9-42

（9）在"属性"面板的"影响"选项卡中设置"重力"为 0，"黏滞"为 20%，如图 9-44 所示。在"标签"选项卡中设置"迭代"为 200，"弯曲"为 85%，"橡皮"为 5%，将时间滑块放置在 0F 的位置，单击"尺寸"选项左侧的按钮，如图 9-45 所示，在 0F 的位置记录关键帧。

图 9-43

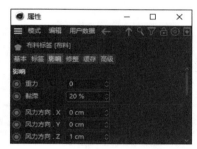

图 9-44

（10）使用上述的方法，分别在 20F、40F、60F 和 80F 的位置记录关键帧。使用相同的方法，为右抱枕对象进行连接、添加模拟标签并制作动画效果。

（11）选择"模拟 > 力场 > 吸引场"命令，在"对象"面板中生成一个吸引场对象，如图 9-46 所示。在"属性"面板的"对象"选项卡中设置"强度"为 -3500，如图 9-47 所示。在"对象"面板中单击摄像机对象右侧的 ▨ 按钮，如图 9-48 所示，退出摄像机视图。

图 9-45

图 9-46

（12）选择"点"工具 ▨，切换为"点"模式。选择"选择"工具 ✛，选择"选择 > 循环选择"

命令，在"对象"面板中选中"长抱枕"对象，在视图窗口中选中需要的点，效果如图 9-49 所示。在"对象"面板中选中长抱枕对象的模拟标签，如图 9-50 所示。在"属性"面板的"修整"选项卡中单击"固定点"选项右侧的"设置"按钮，如图 9-51 所示。视图窗口中的效果如图 9-52 所示。

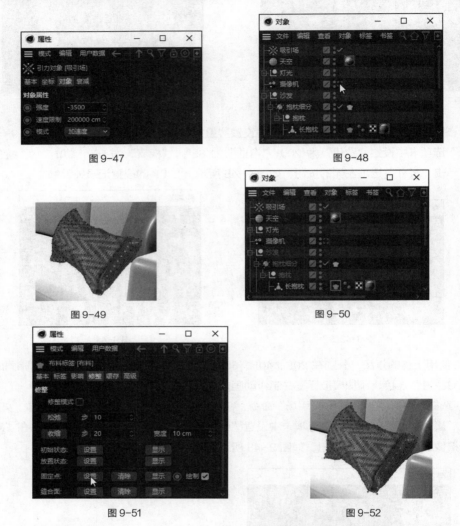

图 9-47　　　　　　　　　　　　图 9-48

图 9-49　　　　　　　　　　　　图 9-50

图 9-51　　　　　　　　　　　　图 9-52

（13）使用相同的方法，分别对左抱枕和右抱枕对象进行相同的设置，视图窗口中的效果如图 9-53 所示。在"对象"面板中单击摄像机对象右侧的■按钮，如图 9-54 所示，进入摄像机视图。

图 9-53　　　　　　　　　　　　图 9-54

（14）在"对象"面板中选中长抱枕对象的模拟标签，如图 9-55 所示。在"属性"面板的"缓存"选项卡中勾选"缓存模式"复选框，单击"计算缓存"按钮，如图 9-56 所示，弹出图 9-57 所示的对话框，缓存完成后自动关闭。使用相同的方法，分别对左抱枕和右抱枕对象计算缓存。

图 9-55

（15）单击"编辑渲染设置"按钮 ⚙，在弹出的"渲染设置"对话框中设置"渲染器"为"物理"，"帧范围"为全部帧，如图 9-58 所示。在"渲染设置"对话框左侧列表中勾选"保存"复选框，在右侧区域设置"格式"为 MP4，如图 9-59 所示。

图 9-56

图 9-57

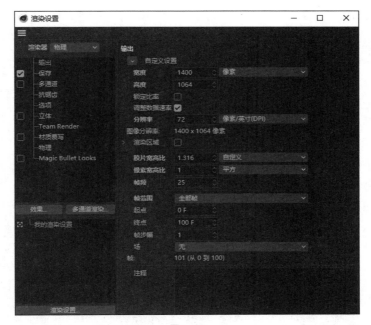

图 9-58

图 9-59

（16）单击"效果"按钮，在弹出的列表中选择"全局光照"选项，在"渲染设置"对话框左侧
列表中添加"全局光照"复选框，在右侧区域设置"预设"为"内部-高(小光源)"，如图 9-60 所示。
单击"效果"按钮，在弹出的列表中选择"环境吸收"复选框，在"渲染设置"对话框左侧列表中添
加"环境吸收"复选框，如图 9-61 所示。单击"关闭"按钮，关闭对话框。

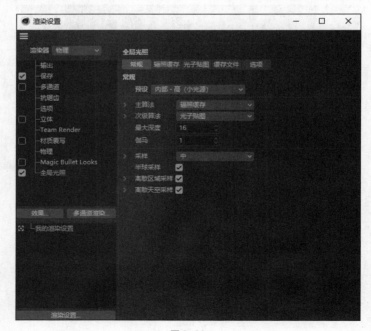

图 9-60

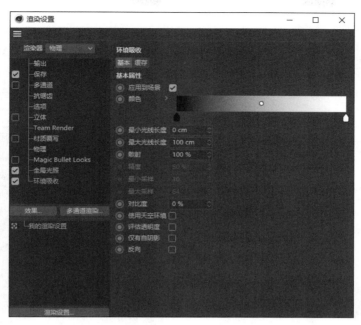

图 9-61

（17）单击"渲染到图像查看器"按钮 ，弹出"图像查看器"对话框，如图 9-62 所示。渲染完成后，单击对话框中的"将图像另存为"按钮 ，弹出"保存"对话框，如图 9-63 所示。单击"确定"按钮，在弹出的"保存对话"对话框中选择要保存文件的位置，在"文件名"文本框中输入名称，设置完成后，单击"保存"按钮保存图像。抱枕膨胀动画制作完成。

图 9-62　　　　　　　　　　　　　　　　　　　　　　图 9-63

9.1.6　布料

为对象添加了"布料"标签后，在制作动力学动画时，对象会模拟布料碰撞的效果。在"对象"面板中，用鼠标右键单击要成为布料的对象，在弹出的快捷菜单中选择"模拟标签＞布料"命令，即可为对象添加"布料"标签，如图 9-64 所示。选中"布料"标签后，可在"属性"面板中进行设置，如图 9-65 所示。

图 9-64　　　　　　　　　　　　　　　图 9-65

9.1.7　布料碰撞器

"布料碰撞器"标签的作用与"碰撞体"标签类似，都可以让对象模拟布料碰撞的效果。在"对象"面板中，用鼠标右键单击需要成为布料碰撞器的对象，在弹出的快捷菜单中选择"模拟标签＞布料碰撞器"命令，即可为对象添加"布料碰撞器"标签，如图 9-66 所示。选中"布料碰撞器"标签后，可在"属性"面板中进行设置，如图 9-67 所示。

图 9-66　　　　　　　　　　　　　　　图 9-67

9.2　动力学辅助器

使用动力学辅助器可以使单个或多个动力学对象产生动画效果。选择"模拟＞动力学"命令，弹出下拉菜单，如图 9-68 所示。在菜单中单击需要的图标，即可创建动力学辅助器。

图 9-68

9.2.1　连结器

使用"连结器"工具![icon]可以在动力学系统中建立两个或两个以上对象之间的联系，控制对象的运动方式和运动距离，模拟出真实的效果。将"对象"面板中需要关联的对象分别拖曳到"连结器"的"属性"面板中并进行设置，如图 9-69 所示，单击"时间线"面板中的"向前播放"按钮![icon]，即可预览动画效果。

图 9-69

9.2.2　弹簧

使用"弹簧"工具![icon]可以在两个刚体对象之间产生拉力或推力，从而拉长或压短对象，模拟出弹簧的动力学效果，将"对象"面板中需要关联的对象分别拖曳到"弹簧"的"属性"面板中并进行设置，如图 9-70 所示，单击"时间线"面板中的"向前播放"按钮![icon]，即可预览动画效果。

图 9-70

9.2.3　力

使用"力"工具![icon]可以在两个刚体对象之间产引力或斥力，模拟出万有引力的动力学效果，在"属性”面板中可以对其属性进行设置，如图 9-71 所示，单击"时间线"面板中的"向前播放"按钮▶，即可预览动画效果。

图 9-71

9.2.4　驱动器

使用"驱动器"工具 可以使刚体对象沿着需要的角度施加线性力，使对象在碰到其他刚体对象或碰撞体对象前持续地旋转或移动。将"对象"面板中需要关联的对象分别拖曳到"驱动器"的"属性"面板中并进行设置，如图 9-72 所示，单击"时间线"面板中的"向前播放"按钮▶，即可预览动画效果。

图 9-72

9.3　课堂练习——制作小球坠落动画

制作小球坠落
动画

【练习学习目标】使用模拟标签制作小球坠落动画。

【练习知识要点】使用"刚体"标签和"碰撞体"标签制作动画效果，使用"坐标"面板调整小球位置，使用"编辑渲染设置"按钮和"渲染到图像查看器"按钮渲染动画效果。最终效果如图 9-73 所示。

【效果所在位置】云盘\Ch09\制作小球坠落动画\工程文件.c4d。

图 9-73

<table>
<tr><td>**9.4**</td><td>**课后习题——制作窗帘飘动动画**</td></tr>
</table>

【习题学习目标】使用模拟标签制作窗帘飘动动画。

【习题知识要点】使用"布料"标签和"风力"工具制作动画效果，使用"属性"面板调整具体属性，使用"编辑渲染设置"按钮和"渲染到图像查看器"按钮渲染动画效果。最终效果如图 9-74 所示。

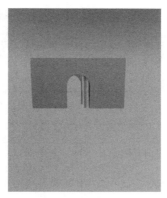

图 9-74

制作窗帘飘动
动画

【效果所在位置】云盘\Ch09\制作窗帘飘动动画\工程文件.c4d。

10

第 10 章
Cinema 4D 粒子技术

本章介绍

    Cinema 4D 粒子技术是通过设置粒子的相关属性来模拟密集对象群的运动，从而制作出丰富的动画效果。本章将对 Cinema 4D S24 中的粒子及力场等进行系统讲解。通过本章的学习，读者可以对 Cinema 4D 粒子技术有一个全面的认识，并能快速掌握常用粒子的制作方法与技巧。

学习目标

知识目标	能力目标	素质目标
1. 掌握粒子的命令 2. 掌握常用的力场	掌握流动动画的制作方法	1. 培养发散思维 2. 培养空间想象能力

10.1　粒子

粒子是使用"发射器"工具 ![] 生成的，可以在"属性"面板中进行设置，模拟粒子的生成状态。

10.1.1　发射器

"发射器"工具 ![] 用于发射粒子，在菜单栏中选择"模拟 > 粒子 > 发射器"命令，会在"对象"面板中生成一个"发射器"对象，视图窗口中的效果如图 10-1 所示。在"属性"面板中可以对其属性进行设置，如图 10-2 所示。单击"时间线"面板中的"向前播放"按钮 ![] ，"发射器"对象即可发射粒子。

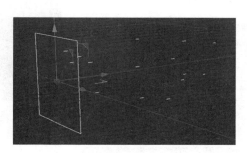

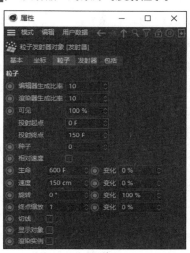

图 10-1　　　　　　　　　　　　　　　　　图 10-2

10.1.2　烘焙粒子

"烘焙粒子"工具 ![] 用于记录发射器将粒子发射后的运动轨迹，从而生成关键帧动画。在菜单栏中选择"模拟 > 粒子 > 烘焙粒子"命令，弹出"烘焙粒子"对话框，如图 10-3 所示，可在其中进行相应设置。

图 10-3

10.2　力场

为粒子添加"力场"并进行设置，可以使粒子产生不同的动画效果。在菜单栏中选择"模拟 > 力场"命令，弹出下拉菜单，如图 10-4 所示。在菜单中单击需要的图标，即可创建相应的力场。

图 10-4

10.2.1 课堂案例——制作线条流动动画

【案例学习目标】使用随机和样条制作线条流动动画。

【案例知识要点】使用"属性"面板调整"样条"和"随机节奏"的属性，使用"编辑渲染设置"按钮和"渲染到图像查看器"按钮渲染动画效果。最终效果如图 10-5 所示。

【效果所在位置】云盘\Ch10\制作线条流动动画\工程文件.c4d。

（1）启动 Cinema 4D S24。单击 "编辑渲染设置"按钮 ，弹出"渲染设置"对话框。在"输出"选项组中设置"宽度"为 1242 像素，"高度"为 2208 像素，"帧频"为 25，如图 10-6 所示，单击"关闭"按钮，关闭对话框。在"属性"面板的"工程设置"选项卡中设置"帧率"为 25，如图 10-7 所示。

图 10-5

图 10-6

制作线条流动
动画

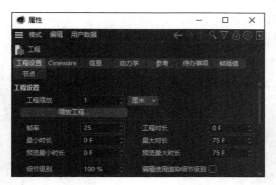

图 10-7

（2）在"时间线"面板中将场景结束帧设置为 300F，按 Enter 键确定操作，如图 10-8 所示。

图 10-8

（3）选择"文件 > 合并项目"命令，在弹出的"打开文件"对话框中选择云盘中的"Ch010\制作线条流动动画\素材\01"文件，单击"打开"按钮，打开文件。在"对象"面板中单击摄像机对象右侧的▇按钮，如图 10-9 所示，进入摄像机视图。视图窗口中的效果如图 10-10 所示。

图 10-9

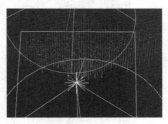

图 10-10

（4）在"对象"面板中展开 "节奏线"对象组，选中样条对象，如图 10-11 所示。在"属性"面板的"效果器"选项卡中设置"偏移"为 0%，单击选项左侧的按钮，如图 10-12 所示，在 0F 的位置记录关键帧。将时间滑块放置在 290F 的位置。在"属性"面板的"效果器"选项卡中设置"偏移"为 100%，单击选项左侧的按钮，如图 10-13 所示，在 290F 的位置记录关键帧。

图 10-11

图 10-12

图 10-13

（5）在"对象"面板中选中随机节奏对象，如图 10-14 所示。在"属性"面板的"效果器"选项卡中设置"随机模式"为湍流、"动画速率"为 25%，如图 10-15 所示。

图 10-14   图 10-15

（6）单击"编辑渲染设置"按钮 ⚙️，在弹出的"渲染设置"对话框中设置"渲染器"为"物理"，"帧范围"为全部帧，如图 10-16 所示。在"渲染设置"对话框左侧列表中勾选"保存"复选框，在右侧区域设置"格式"为 MP4，如图 10-17 所示。

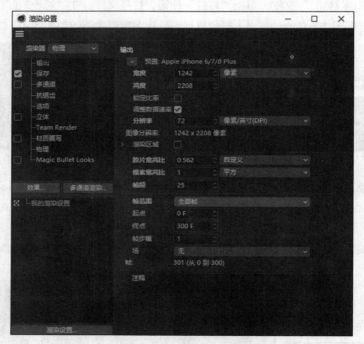

图 10-16

（7）单击"效果"按钮，在弹出的列表中选择"全局光照"选项，在"渲染设置"对话框左侧列表中添加"全局光照"复选框，在右侧区域设置"预设"为"内部-高(小光源)"，如图 10-18 所示。单击"效果"按钮，在弹出的列表中选择"环境吸收"复选框，在"渲染设置"对话框左侧列表中添加"环境吸收"复选框，如图 10-19 所示。单击"关闭"按钮，关闭对话框。

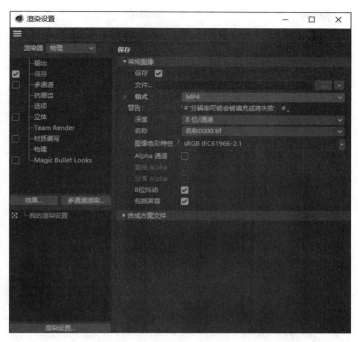

图 10-17

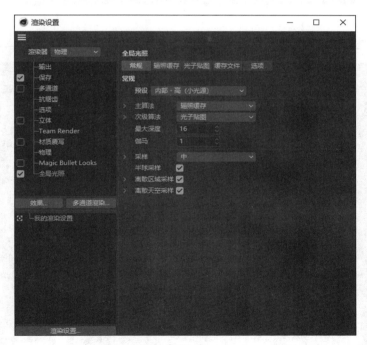

图 10-18

（8）单击"渲染到图像查看器"按钮，弹出"图像查看器"对话框，如图 10-20 所示。渲染完成后，单击对话框中的"将图像另存为"按钮，弹出"保存"对话框，如图 10-21 所示。单击"确定"按钮，在弹出的"保存对话"对话框中选择要保存文件的位置，在"文件名"文本框中输入名称，设置完成后，单击"保存"按钮保存图像。线条流动动画制作完成。

图 10-19

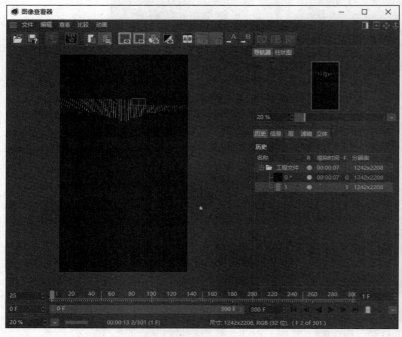

图 10-20

图 10-21

10.2.2 吸引场

"吸引场"工具※用于使粒子形成吸引或排斥的效果。"属性"面板中会显示吸引场的属性，如图 10-22 所示，其常用的属性位于"对象"及"衰减"两个选项卡内。单击"时间线"面板中的"向前播放"按钮▶，即可预览动画效果，如图 10-23 所示。

图 10-22

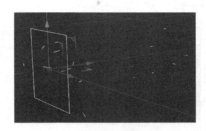

图 10-23

10.2.3 重力场

"重力场"工具用于使粒子在运动过程中产生下落的效果。"属性"面板中会显示重力场的属性，如图 10-24 所示，其常用的属性位于"对象"及"衰减"两个选项卡内。单击"时间线"面板中的"向前播放"按钮▶，即可预览动画效果，如图 10-25 所示。

图 10-24

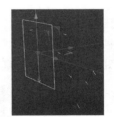

图 10-25

10.2.4 湍流

"湍流"工具用于使粒子在运动过程中产生随机抖动的效果。"属性"面板中会显示湍流的属性，如图 10-26 所示，其常用的属性位于"对象"及"衰减"两个选项卡内。单击"时间线"面板中的"向前播放"按钮▶，即可预览动画效果，如图 10-27 所示。

图 10-26

图 10-27

10.2.5 风力

"风力"工具 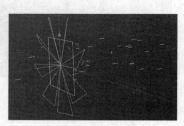 用于设置粒子在风力作用下产生的运动效果。"属性"面板中会显示风力的属性，如图 10-28 所示，其常用的属性位于"对象"及"衰减"两个选项卡内。单击"时间线"面板中的"向前播放"按钮▶，即可预览动画效果，如图 10-29 所示。

图 10-28

图 10-29

10.3 课堂练习——制作气球飞起动画

【练习学习目标】使用模拟标签和力场制作气球飞起动画。

【练习知识要点】使用"刚体"标签和"风力"工具 制作动画效果，使用"编辑渲染设置"按钮和"渲染到图像查看器"按钮渲染动画效果。最终效果如图 10-30 所示。

制作气球飞起
动画

图 10-30

【效果所在位置】云盘\Ch10\制作气球飞起动画\工程文件.c4d。

10.4 课后习题——制作花瓣掉落动画

【习题学习目标】使用模拟标签和力场制作花瓣掉落动画。

【习题知识要点】使用"刚体""碰撞体"标签和"重力场"工具制作动画效果，使用"编辑渲染设置"按钮和"渲染到图像查看器"按钮渲染动画效果。最终效果如图 10-31 所示。

图 10-31

【效果所在位置】云盘\Ch10\制作花瓣掉落动画\工程文件.c4d。

11

第 11 章
Cinema 4D 动画技术

本章介绍

在 Cinema 4D 中，可以根据项目需求，为已经创建好的三维模型添加动态效果。Cinema 4D 拥有一套强大的动画系统，其渲染出的模型动画逼真、生动。本章将对 Cinema 4D S24 的基础动画技术及摄像机等进行系统讲解。通过本章的学习，读者可以对 Cinema 4D 动画技术有一个全面的认识，并能掌握常用动画的制作方法与技巧。

学习目标

知识目标	能力目标	素质目标
1. 掌握制作基础动画的常用工具 2. 熟悉常用的摄像机类型 3. 掌握摄像机的常用属性	1. 掌握关键帧动画的制作方法 2. 掌握点级别动画的制作方法 3. 掌握使用摄像机制作动画的方法	培养动画审美能力

11.1 基础动画

在 Cinema 4D 中，可以通过关键帧和"时间线窗口(函数曲线)"命令，制作出基础的动画效果。

11.1.1 课堂案例——制作小球环绕动画

【案例学习目标】使用动画标签制作小球环绕动画。

【案例知识要点】使用"圆环"工具 ⊙ 记录动画运动轨迹，使用"对齐曲线"命令制作动画效果，使用"位置"选项组记录关键帧，使用"时间线窗口(函数曲线)"命令调整动画效果，使用"编辑渲染设置"按钮和"渲染到图像查看器"按钮渲染动画效果。最终效果如图 11-1 所示。

【效果所在位置】云盘\Ch11\制作小球环绕动画\工程文件.c4d。

（1）启动 Cinema 4D S24。单击"编辑渲染设置"按钮 ⚙，弹出"渲染设置"对话框。在"输出"选项组中设置"宽度"为 750 像素，"高度"为 1624 像素，"帧频"为 25，如图 11-2 所示，单击"关闭"按钮，关闭对话框。在"属性"面板的"工程设置"选项卡中设置"帧率"为 25，如图 11-3 所示。

（2）在"时间线"面板中将场景结束帧设置为 50F，按 Enter 键确定操作，如图 11-4 所示。

图 11-1

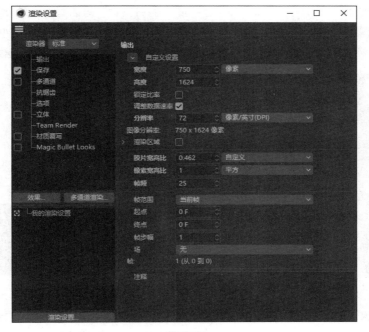

图 11-2

制作小球环绕动画

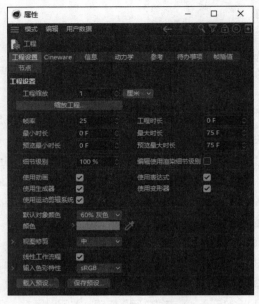

图 11-3

图 11-4

（3）选择"文件 > 合并项目"命令，在弹出的"打开文件"对话框中选择云盘中的"Ch11\制作小球环绕动画\素材\01.c4d"文件，单击"打开"按钮，打开文件。视图窗口中的效果如图 11-5所示。在"对象"面板中单击摄像机对象右侧的 ▒ 按钮，如图 11-6 所示，进入摄像机视图。

图 11-5

图 11-6

（4）在"对象"面板中选中"人物"对象组。在"属性"面板的"坐标"选项卡中设置"R.H"为 0°，单击选项左侧的按钮，如图 11-7 所示，在 0F 的位置记录关键帧。将时间滑块放置在 50F 的位置。在"属性"面板的"坐标"选项卡中设置"R.H"为 −360°，单击选项左侧的按钮，如图 11-8

所示，在 50F 的位置记录关键帧。

 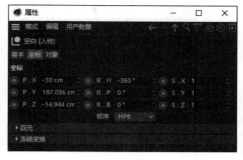

图 11-7　　　　　　　　　　　　　　　图 11-8

（5）选择"圆环"工具 ○，在"对象"面板中生成一个圆环对象。在"属性"面板的"对象"选项卡中设置"半径"为 132cm，如图 11-9 所示。在"属性"面板的"坐标"选项卡中设置"P.Y"为 308.5cm，"R.P"为 90°，如图 11-10 所示。在"对象"面板中双击圆环对象右侧的 ■ 按钮，将其隐藏，如图 11-11 所示。

图 11-9　　　　　　　　　　　　　　　图 11-10

（6）在"对象"面板中展开 "人物 > 小球"对象组，选中球体对象，如图 11-12 所示。用鼠标右键单击小球对象，在弹出的快捷菜单中选择"动画标签 > 对齐曲线"命令，为对象添加动画标签，如图 11-13 所示。将"对象"面板中的圆环对象拖曳到"属性"面板"标签"选项卡中的"曲线路径"下拉列表框中，如图 11-14 所示。

图 11-11　　　　　　　　　　　　　　　图 11-12

（7）将时间滑块放置在 0F 的位置。在"属性"面板的"标签"选项卡中设置"位置"为 50%，单击选项左侧的按钮，如图 11-15 所示，在 0F 的位置记录关键帧。将时间滑块放置在 50F 的位置。在"属性"面板的"坐标"选项卡中设置"位置"为 150%，单击选项左侧的按钮，如图 11-16 所示，在 50F 的位置记录关键帧。

图 11-13

图 11-14

图 11-15

图 11-16

（8）选择"窗口 > 时间线窗口(函数曲线)"命令，弹出"时间线窗口(函数曲线)"对话框，按 Ctrl+A 组合键全选控制点，如图 11-17 所示。单击"零长度(相切)"按钮，效果如图 11-18 所示。单击"关闭"按钮，关闭对话框。

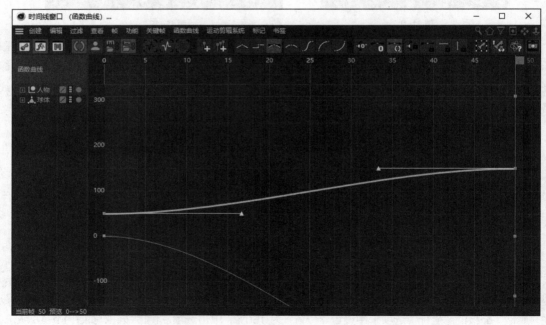

图 11-17

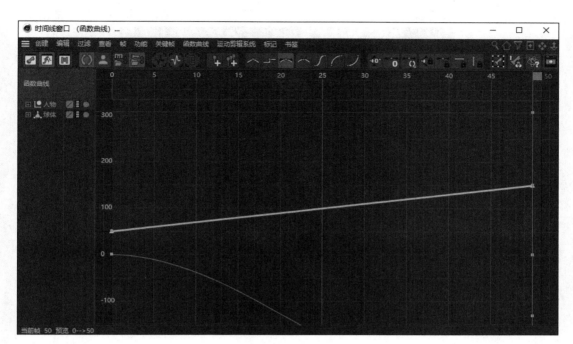

图 11-18

（9）单击"编辑渲染设置"按钮 ⚙，在弹出的"渲染设置"对话框中设置"渲染器"为"物理"，"帧范围"为全部帧，如图 11-19 所示。在"渲染设置"对话框左侧列表中勾选"保存"复选框，在右侧区域设置"格式"为 MP4，如图 11-20 所示。

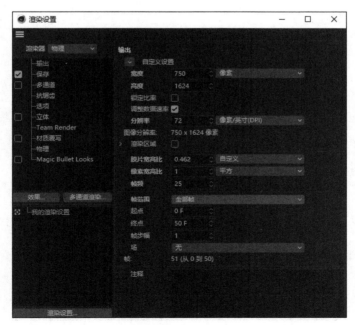

图 11-19

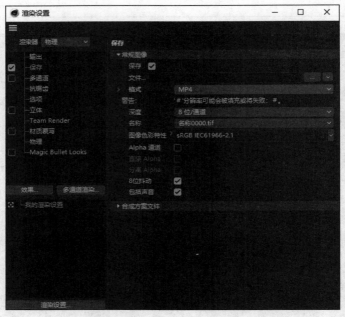

图 11-20

（10）单击"效果"按钮，在弹出的列表中选择"全局光照"选项，在"渲染设置"对话框左侧列表中添加"全局光照"复选框，在右侧区域设置"预设"为"内部–高(小光源)"，如图 11-21 所示。单击"效果"按钮，在弹出的列表中选择"环境吸收"选项，在"渲染设置"对话框左侧列表中添加"环境吸收"复选框，如图 11-22 所示。单击"关闭"按钮，关闭对话框。

图 11-21

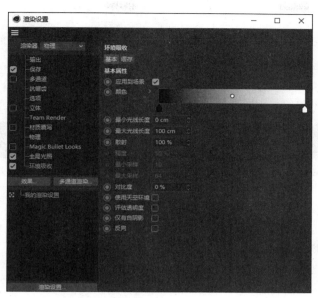

图 11-22

（11）单击"渲染到图像查看器"按钮 ，弹出"图像查看器"对话框，如图 11-23 所示。渲染完成后，单击对话框中的"将图像另存为"按钮 ，弹出"保存"对话框，如图 11-24 所示。单击"确定"按钮，在弹出的"保存对话"对话框中选择要保存文件的位置，在"文件名"文本框中输入名称，设置完成后，单击"保存"按钮保存图像。人物环绕动画制作完成。

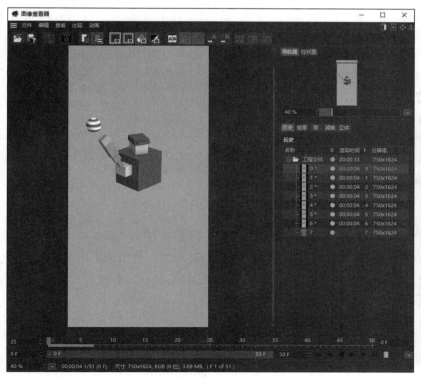

图 11-23

图 11-24

11.1.2 时间线面板中的工具

"时间线"面板中包含多个用于播放和编辑动画的工具，如图 11-25 所示。

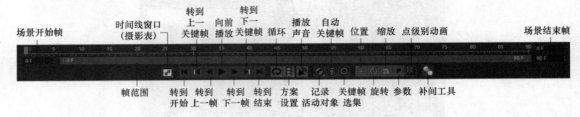

图 11-25

该面板中的常用工具介绍如下。

●转到开始■：将时间滑块移动到动画起点。

●转到上一关键帧■：将时间滑块移动到上一关键帧。

●转到上一帧■：将时间滑块移动到上一帧。

●向前播放■：向前播放动画。

●转到下一帧■：将时间滑块移动到下一帧。

●转到下一关键帧■：将时间滑块移动到下一关键帧。

●转到结束■：将时间滑块转到动画终点。

●循环■：循环播放动画。

●方案设置■：设置播放速率。

●播放声音■：设置播放声音。

●记录活动对象■：记录对象的位置、缩放、旋转动画及活动对象的点级别动画。

●自动关键帧■：自动记录关键帧。

●关键帧选集■：设置关键帧选集对象。

●位置■：记录对象位置的工具。

●旋转■：记录对象旋转的工具。

●缩放■：记录对象缩放的工具。

●参数■：记录参数级别动画的工具。

●点级别动画■：记录点级别动画的工具。

11.1.3 时间线窗口

在 Cinema 4D 中制作动画时，通常使用时间线窗口进行编辑。单击"时间线"面板中的"时间线窗口(摄影表)"按钮■，在弹出的下拉列表中选择需要的选项，如图 11-26 所示，即可打开相应的面板，如图 11-27 所示。

图 11-26

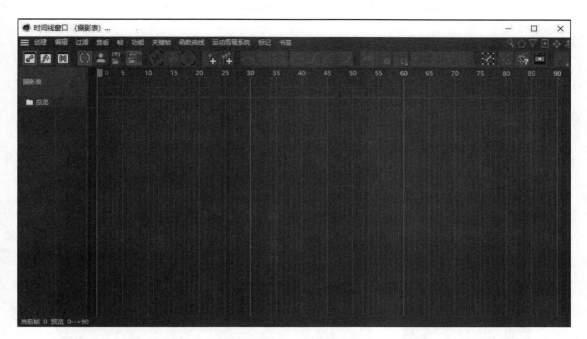

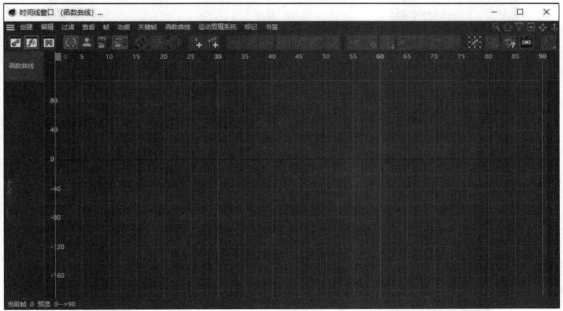

图 11-27

11.1.4 课堂案例——制作云彩飘移动画

制作云彩飘移
动画

【案例学习目标】使用"时间轴"面板中的工具制作云彩飘移动画。

【案例知识要点】使用"时间线"面板设置动画时长，使用"记录活动对象"按钮记录关键帧，使用"坐标"面板调整云彩位置，使用"时间线窗口(函数曲线)"命令和"时间线窗口(摄影表)"命令制作动画效果，使用"编辑渲染设置"按钮和"渲染到图像查看器"按钮渲染动画效果。

最终效果如图 11-28 所示。

【效果所在位置】云盘\Ch11\制作云彩飘移动画\工程文件.c4d。

（1）启动 Cinema 4D S24。单击 "编辑渲染设置" 按钮 ，弹出 "渲染设置" 对话框。在 "输出" 选项组中设置 "宽度" 为 750 像素，"高度" 为 1106 像素，"帧频" 为 25，如图 11-29 所示，单击 "关闭" 按钮，关闭对话框。在 "属性" 面板的 "工程设置" 选项卡中设置 "帧率" 为 25，如图 11-30 所示。

图 11-28

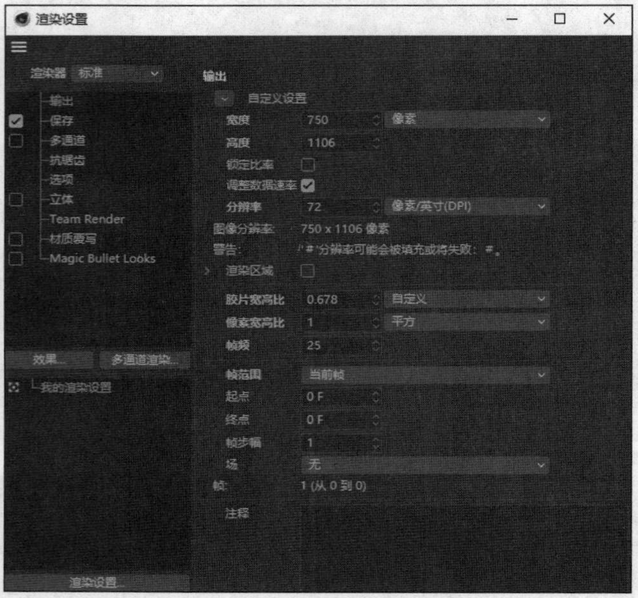

图 11-29

（2）选择 "文件 > 合并项目" 命令，在弹出的 "打开文件" 对话框中选择云盘中的 "Ch11\制作云彩飘移动画\素材\01" 文件，单击 "打开" 按钮，打开文件。在 "对象" 面板中单击摄像机对象右侧的 按钮，如图 11-31 所示，进入摄像机视图。

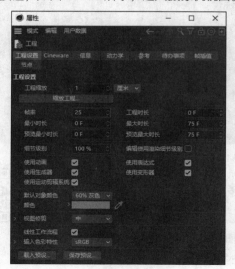

图 11-30

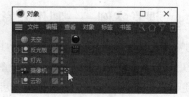

图 11-31

（3）在"时间线"面板中将场景结束帧设置为140F，按 Enter 键确定操作，如图 11-32 所示。

图 11-32

（4）在"对象"面板中选中"云彩"对象组，如图 11-33 所示，将时间滑块放置在0F 位置。在"坐标"面板的"位置"选项组中设置"X"为 312cm，"Y"为 431cm，"Z"为-236cm，如图 11-34 所示，单击"应用"按钮。在"时间线"面板中单击"记录活动对象"按钮，在 0F 的位置记录关键帧。

图 11-33

图 11-34

（5）将时间滑块放置在20F 的位置。在"坐标"面板的"位置"选项组中设置"X"为 312cm，"Y"为 406.7cm，"Z"为-236cm，如图 11-35 所示，单击"应用"按钮。在"时间线"面板中单击"记录活动对象"按钮，在 20F 的位置记录关键帧。

（6）将时间滑块放置在50F 的位置。在"坐标"面板的"位置"选项组中设置"X"为 312cm，"Y"为 285cm，"Z"为-236cm，如图 11-36 所示，单击"应用"按钮。在"时间线"面板中单击"记录活动对象"按钮，在 50F 的位置记录关键帧。

图 11-35

图 11-36

（7）将时间滑块放置在70F 的位置。在"坐标"面板的"位置"选项组中设置"X"为 312cm，"Y"为 386cm，"Z"为-236cm，如图 11-37 所示，单击"应用"按钮。在"时间线"面板中单击"记录活动对象"按钮，在 70F 的位置记录关键帧。

图 11-37

（8）选择"窗口 > 时间线窗口(函数曲线)"命令，弹出"时间线窗口(函数曲线)"对话框，按 Ctrl+A 组合键全选控制点，如图 11-38 所示。

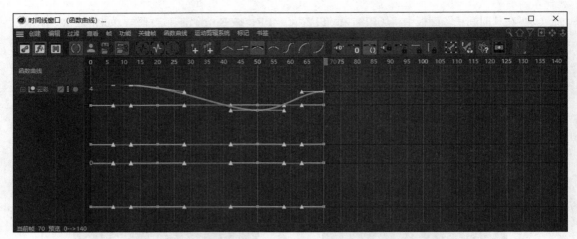

图 11-38

（9）单击"零长度(相切)"按钮 **0**，效果如图 11-39 所示。单击"关闭"按钮，关闭对话框。

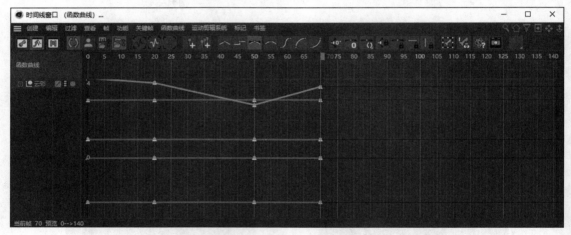

图 11-39

（10）选择"窗口 > 时间线窗口(摄影表)"命令，弹出"时间线窗口(摄影表)"对话框，按 Ctrl+A 组合键全选控制点，如图 11-40 所示。选择"关键帧 > 循环选取"命令，在弹出的"循环"对话框中设置"副本"为 10，如图 11-41 所示。单击"确定"按钮，返回"时间线窗口(摄影表)"对话框。单击"关闭"按钮，关闭对话框。

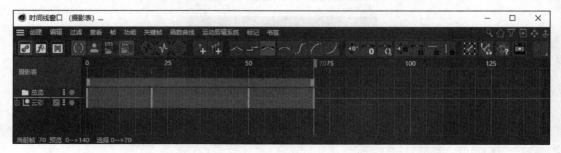

图 11-40

（11）单击"编辑渲染设置"按钮 ，在弹出的"渲染设置"对话框中设置"渲染器"为"物理"，"帧频"为 25，"帧范围"为全部帧，如图 11-42 所示。在"渲染设置"对话框左侧列表中勾选"保存"复选框，在右侧区域设置"格式"为 MP4，如图 11-43 所示。

图 11-41

图 11-42

图 11-43

（12）单击"效果"按钮，在弹出的列表中选择"环境吸收"选项，在"渲染设置"对话框左侧列表中添加"环境吸收"复选框，如图 11-44 所示。单击"效果"按钮，在弹出的列表中选择"全局光照"选项，在"渲染设置"对话框左侧列表中添加"全局光照"复选框，在右侧区域设置"预设"为"内部–高(小光源)"，如图 11-45 所示。单击"关闭"按钮，关闭对话框。

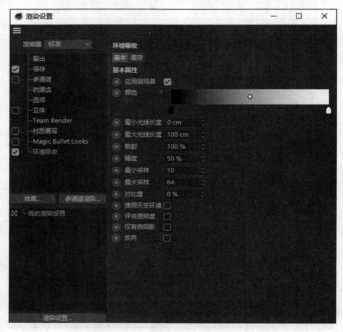

图 11-44

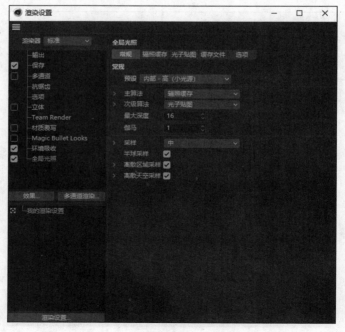

图 11-45

（13）单击"渲染到图像查看器"按钮 ，弹出"图像查看器"对话框，如图 11-46 所示。渲染完成后，单击对话框中的"将图像另存为"按钮 ，弹出"保存"对话框，如图 11-47 所示。单击"确定"按钮，在弹出的"保存对话"对话框中选择要保存文件的位置，在"文件名"文本框中输入名称，设置完成后，单击"保存"按钮保存图像。云彩飘移动画制作完成。

图 11-46

图 11-47

11.1.5　关键帧动画

关键帧是指角色或对象的运动或变化过程中的关键动作所在的那一帧，由于关键帧可以影响到画面中的动画效果，因此在动画制作中十分重要。

在"时间线窗口(摄影表)"对话框中记录需要的关键帧，有关键帧的位置会出现方块标记，起始位置有一个指针标记，如图 11-48 所示。单击"时间线"面板中的"向前播放"按钮 ，即可在场景中看到关键帧的动画效果。

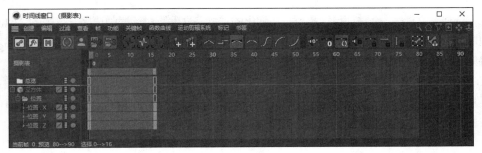

图 11-48

11.1.6　课堂案例——制作泡泡形变动画

【案例学习目标】使用"时间线"面板中的工具制作泡泡形变动画。

【案例知识要点】使用"时间线"面板设置动画时长，使用"自动关键帧"
按钮、"点级别动画"按钮和"记录活动对象"按钮记录关键帧并制作动画效果，
使用"坐标"面板调整水泡的大小，使用"属性"面板调整水泡的旋转角度，
使用"编辑渲染设置"按钮和"渲染到图像查看器"按钮渲染动画效果。最终
效果如图 11-49 所示。

【效果所在位置】云盘\Ch11\制作泡泡形变动画\工程文件.c4d。

（1）启动 Cinema 4D S24。单击 "编辑渲染设置"按钮 ，弹出"渲染设置"
对话框。在"输出"选项组中设置"宽度"为 790 像素，"高度"为 2000 像素，
"帧频"为 25，如图 11-50 所示，单击"关闭"按钮，关闭对话框。在"属性"
面板的"工程设置"选项卡中设置"帧率"为 25，如图 11-51 所示。

图 11-49

图 11-50

制作泡泡形变
动画

（2）选择"文件 > 合并项目"命令，在弹出的"打开文件"对话框中选择云盘中的"Ch011\制
作泡泡形变动画\素材\01"文件，单击"打开"按钮，打开文件。视图窗口中的效果如图 11-52 所示。
在"对象"面板中单击摄像机对象右侧的 按钮，如图 11-53 所示，进入摄像机视图。

（3）在"时间线"面板中将"场景结束帧"设置为 50F，按 Enter 键确定操作。单击"自
动关键帧"按钮 和"点级别动画"按钮 ，使两个按钮处于启用状态，记录动画，如图 11-54
所示。

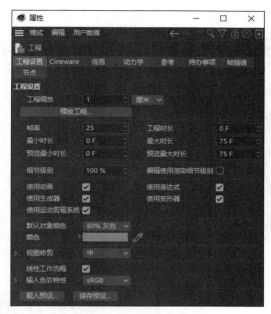

图 11-51

图 11-52

图 11-53

图 11-54

（4）在"对象"面板中展开"场景 > 水泡"对象组，选中水泡 1 对象，如图 11-55 所示。选择"点"工具 ，切换为"点"模式。在视图窗口中的"水泡 1"对象上单击，如图 11-56 所示。按 Ctrl+A 组合键全选对象，如图 11-57 所示。将时间滑块放置在 0F 的位置，在"时间线"面板中单击"记录活动对象"按钮 ，在 0F 的位置记录关键帧。

（5）将时间滑块放置在 10F 的位置。在"坐标"面板的"尺寸"选项组中设置"X"为 85cm，"Y"为 85cm，"Z"为 85cm，如图 11-58 所示。在"属性"面板的"坐标"选项卡中设置"R.H"为 0°，"R.P"为 0°，"R.B"为 -20°，如图 11-59 所示。视图窗口中的效果如图 11-60 所示。

图 11-55

图 11-56　　　　　　　　　图 11-57

图 11-58

图 11-59

图 11-60

（6）将时间滑块放置在 17F 的位置。在"坐标"面板的"尺寸"选项组中设置"X"为 80cm，"Y"为 80cm，"Z"为 80cm，如图 11-61 所示。在"属性"面板的"坐标"选项卡中设置"R.H"为 10°，"R.P"为 0°，"R.B"为 0°，如图 11-62 所示。

图 11-61

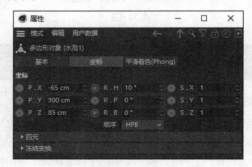

图 11-62

（7）将时间滑块放置在 22F 的位置。在"坐标"面板的"尺寸"选项组中设置"X"为 83cm，"Y"为 83cm，"Z"为 83cm，如图 11-63 所示。在"属性"面板的"坐标"选项卡中设置"R.H"为 0°，"R.P"为 0°，"R.B"为-15°，如图 11-64 所示。

（8）将时间滑块放置在 29F 的位置。在"属性"面板的"坐标"选项卡中设置"R.H"为-10°，"R.P"为 15°，"R.B"为 0°，如图 11-65 所示。将时间滑块放置在 33F 的位置。在"坐标"面板的"尺寸"选项组中设置"X"为 80cm，"Y"为 80cm，"Z"为 80cm，如图 11-66 所示。在"属性"面板的"坐标"选项卡中设置"R.H"为 0°，"R.P"为 0°，"R.B"为 10°，如图 11-67 所示。

图 11-63

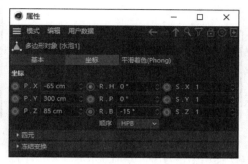

图 11-64

图 11-65

图 11-66

（9）将时间滑块放置在 40F 的位置。在"属性"面板的"坐标"选项卡中设置"R.H"为-5°，"R.P"为 5°，"R.B"为-10°，如图 11-68 所示。将时间滑块放置在 44F 的位置。在"坐标"面板的"尺寸"选项组中设置"X"为 78cm，"Y"为 78cm，"Z"为 78cm，如图 11-69 所示。将时间滑块放置在 48F 的位置。在"属性"面板的"坐标"选项卡中设置"R.H"为 0°，"R.P"为 0°，"R.B"为 0°，如图 11-70 所示。

图 11-67

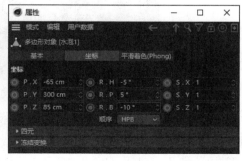

图 11-68

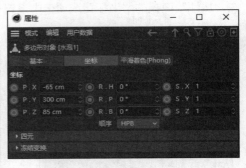

图 11-69   图 11-70

（10）使用上述方法，分别为水泡 2～水泡 12 对象制作点级别动画。

（11）单击"编辑渲染设置"按钮，弹出"渲染设置"对话框，设置"渲染器"为"物理"、"帧范围"为全部帧，如图 11-71 所示。在"渲染设置"对话框左侧列表中勾选"保存"复选框，在右侧区域设置"格式"为 MP4，如图 11-72 所示。

图 11-71

（12）单击"效果"按钮，在弹出的列表中选择"全局光照"选项，在"渲染设置"对话框左侧列表中添加"全局光照"复选框，在右侧区域设置"预设"为"内部-高(小光源)"，如图 11-73 所示。单击"效果"按钮，在弹出的列表中选择"环境吸收"复选框，在"渲染设置"对话框左侧列表中添加"环境吸收"复选框，如图 11-74 所示。单击"关闭"按钮，关闭对话框。

图 11-72

图 11-73

（13）单击"渲染到图像查看器"按钮，弹出"图像查看器"对话框，如图 11-75 所示。渲染完成后，单击对话框中的"将图像另存为"按钮，弹出"保存"对话框，如图 11-76 所示。单击"确定"按钮，在弹出的"保存对话"对话框中选择要保存文件的位置，在"文件名"文本框中输入名称，设置完成后，单击"保存"按钮保存图像。泡泡形变动画制作完成。

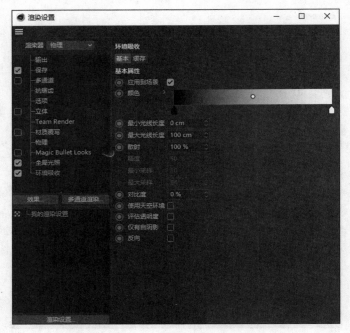

图 11-74

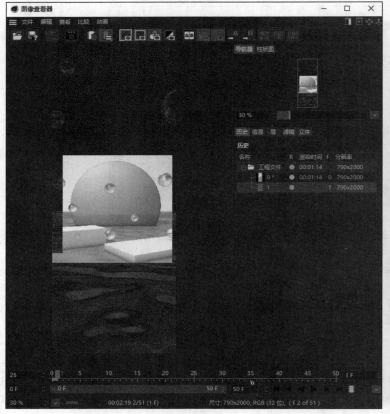

图 11-75

图 11-76

11.1.7　点级别动画

点级别动画通常用于制作对象的变形效果。在场景中创建对象后，单击"点级别动画"按钮，可以在可编辑多边形对象的"点""边""多边形"模式下制作关键帧动画。

在"时间线"面板中适当的位置根据需要添加多个关键帧，分别在"坐标"面板和"属性"面板中设置每个关键帧中对象的位置、大小及旋转角度，即可完成点级别动画的制作。

单击"渲染到图像查看器"按钮下方的三角形按钮，在弹出的下拉列表中选择"创建动画预览"选项，如图 11-77 所示。在弹出的"创建动画预览"对话框中进行设置，如图 11-78 所示，单击"确定"按钮，弹出"图像查看器"对话框，单击"向前播放"按钮即可预览动画效果，如图 11-79 所示。

图 11-77

图 11-78

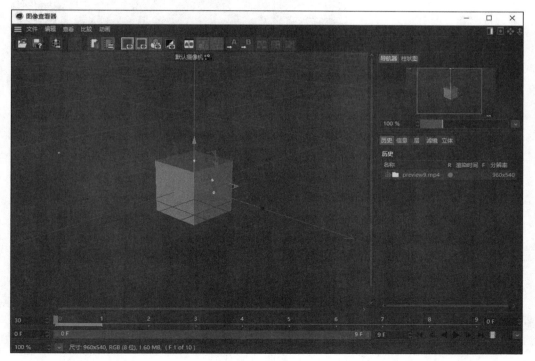

图 11-79

11.2　摄像机

摄像机是 Cinema 4D 中的基本工具之一，用于定义二维视图场景在空间里的显示方式。

11.2.1　课堂案例——制作蚂蚁搬运动画

【案例学习目标】使用动画标签制作蚂蚁搬运动画。

【案例知识要点】使用"样条画笔"工具 记录动画运动轨迹，使用"对齐曲线"命令制作动画效果，使用"位置"选项记录关键帧，使用"时间线窗口(函数曲线)"命令调整动画效果，使用"编辑渲染设置"按钮和"渲染到图像查看器"按钮渲染动画效果。最终效果如图 11-80 所示。

制作蚂蚁搬运
动画

【效果所在位置】云盘\Ch11\制作蚂蚁搬运动画\工程文件.c4d。

（1）启动 Cinema 4D S24。单击"编辑渲染设置"按钮 ⚙，弹出"渲染设置"对话框。在"输出"选项组中设置"宽度"为 750 像素，"高度"为 1624 像素，"帧频"为 25，如图 11-81 所示，单击"关闭"按钮关闭对话框。在"属性"面板的"工程设置"选项卡中设置"帧率"为 25，如图 11-82 所示。

图 11-80

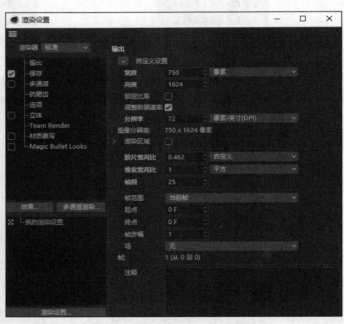

图 11-81

（2）选择"文件 > 合并项目"命令，在弹出的"打开文件"对话框中选择云盘中的"Ch11\制作蚂蚁搬运动画\素材\01"文件，单击"打开"按钮打开文件，效果如图 11-83 所示。

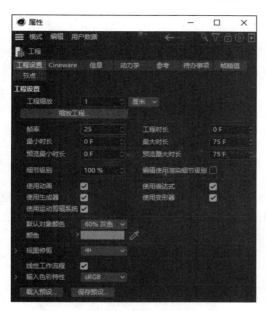

图 11-82　　　　　　　　　　　　　　　　　　　图 11-83

（3）在"对象"面板中展开"蚂蚁搬运动画 > 素材 > 碎屑"对象组和"蚂蚁搬运动画 > 蚂蚁"
对象组，如图 11-84 所示。选中碎屑对象，将其拖曳到"蚂蚁.6"对象组中，如图 11-85 所示。使
用相同的方法，分别选中碎屑.1 对象，将其拖曳到"蚂蚁.2"对象组中；选中碎屑.2 对象，将其拖曳
到"蚂蚁.1"对象组中；选中碎屑.3 对象，将其拖曳到"蚂蚁"对象组中；选中碎屑.4 对象，将其拖
曳到"蚂蚁.4"对象组中；选中碎屑.5 对象，将其拖曳到"蚂蚁.5"对象组中；选中碎屑.6 对象，将
其拖曳到"蚂蚁.7"对象组中。分别折叠对象组。

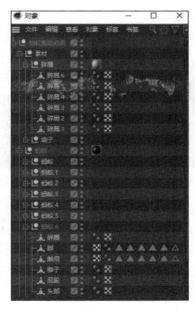

图 11-84　　　　　　　　　　　　　　　　　　　图 11-85

（4）选择"移动"工具，在视图窗口中选中需要的对象，如图 11-86 所示。将"材质"面板中的"面包"材质球拖曳到视图窗口中选中的面上，如图 11-87 所示。

图 11-86

图 11-87

（5）使用相同的方法，为其他对象添加材质，视图窗口中的效果如图 11-88 所示。在"对象"面板中单击"摄像机"对象右侧的按钮，进入摄像机视图，如图 11-89 所示。

图 11-88

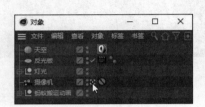
图 11-89

（6）按 F4 键，切换到正视图。选择"样条画笔"工具，在视图窗口中适当的位置分别单击，创建 3 个节点，在"对象"面板中生成一个样条对象。选择"实时选择"工具，选中需要的点，如图 11-90 所示。在"坐标"面板的"位置"选项组中设置"X"为 930.5cm，"Y"为-170cm，"Z"为 601.5cm，如图 11-91 所示，确定节点的具体位置。选中需要的点。在"坐标"面板的"位置"选项组中设置"X"为 1902cm，"Y"为-170cm，"Z"为 207cm，如图 11-92 所示，确定节点的具体位置。

图 11-90

图 11-91

图 11-92

（7）使用相同的方法，选中需要的点。在"坐标"面板的"位置"选项组中设置"X"为 1916cm，"Y"为-1117cm，"Z"为 207.5cm，如图 11-93 所示，确定节点的具体位置。视图窗口中的效果如图 11-94 所示。

（8）在"对象"面板的空白处单击，取消样条对象的选中状态。选择"样条画笔"工具，在视图窗口中适当的位置分别单击，创建 3 个节点，在"对象"面板中生成一个样条.1 对象。选择"实时选择"工具，选中需要的点，如图 11-95 所示。

图 11-93　　　　　　　图 11-94　　　　　　　图 11-95

（9）在"坐标"面板的"位置"选项组中设置"X"为 1011.7cm，"Y"为-170cm，"Z"为 415.5cm，如图 11-96 所示，确定节点的具体位置。选中需要的点，在"坐标"面板的"位置"选项组中设置"X"为 1902cm，"Y"为-170cm，"Z"为 207cm，如图 11-97 所示，确定节点的具体位置。使用相同的方法，选中需要的点，在"坐标"面板的"位置"选项组中设置"X"为 1916cm，"Y"为-1117cm，"Z"为 207.5cm，如图 11-98 所示，确定节点的具体位置。

图 11-96　　　　　　　　　　　　　　图 11-97

（10）视图窗口中的效果如图 11-99 所示。使用相同的方法再绘制 5 条样条，在"对象"面板中生成样条.2～样条.6 对象，如图 11-100 所示。视图窗口中的效果如图 11-101 所示。

图 11-98　　　　　　　　　　　　　　图 11-99

图 11-100　　　　　　　　　　　　　　图 11-101

（11）在"时间线"面板中将场景结束帧设置为 160F，按 Enter 键确定操作，如图 11-102 所示。

图 11-102

（12）在"对象"面板中展开"蚂蚁搬运动画 > 蚂蚁"对象组，用鼠标右键单击蚂蚁对象，在弹出的快捷菜单中选择"动画标签 > 对齐曲线"命令。选中样条对象，将其拖曳到"属性"面板的"曲线路径"下拉列表框中，如图 11-103 所示。

（13）将时间滑块放置在 110F 的位置。在"属性"面板中单击"位置"选项左侧的 ⬤ 按钮，如图 11-104 所示。在 110F 的位置记录关键帧，如图 11-105 所示。

图 11-103

图 11-104

图 11-105

（14）将时间滑块放置在 160F 的位置。在"属性"面板中设置"位置"为 76%，单击"位置"选项左侧的 ⬤ 按钮，如图 11-106 所示。在 160F 的位置记录关键帧，如图 11-107 所示。

图 11-106

图 11-107

（15）在"对象"面板中用鼠标右键单击蚂蚁.1 对象，在弹出的快捷菜单中选择"动画标签 > 对齐曲线"命令。选中样条.1 对象，将其拖曳到"属性"面板的"曲线路径"下拉列表框中。

（16）将时间滑块放置在 73F 的位置。在"属性"面板中设置"位置"为 0%，单击"位置"选项左侧的 ⬤ 按钮，如图 11-108 所示，在 73F 的位置记录关键帧。将时间滑块放置在 130F 的位置。在"属性"面板中设置"位置"为 75%，单击"位置"选项左侧的 ⬤ 按钮，如图 11-109 所示。在 130F 的位置记录关键帧，如图 11-110 所示。

图 11-108

图 11-109

图 11-110

（17）在"对象"面板中用鼠标右键单击蚂蚁.2 对象，在弹出的快捷菜单中选择"动画标签 > 对齐曲线"命令。选中样条.2 对象，将其拖曳到"属性"面板的"曲线路径"下拉列表框中。

（18）将时间滑块放置在 95F 的位置。在"属性"面板中设置"位置"为 0%，单击"位置"选项左侧的 按钮，如图 11-111 所示，在 95F 的位置记录关键帧。将时间滑块放置在 145F 的位置。在"属性"面板中设置"位置"为 73%，单击"位置"选项左侧的 按钮，如图 11-112 所示。在 145F 的位置记录关键帧，如图 11-113 所示。

图 11-111

图 11-112

图 11-113

（19）在"对象"面板中用鼠标右键单击蚂蚁.4 对象，在弹出的快捷菜单中选择"动画标签 > 对齐曲线"命令。选中样条.3 对象，将其拖曳到"属性"面板的"曲线路径"下拉列表框中。

（20）将时间滑块放置在 63F 的位置。在"属性"面板中设置"位置"为 0%，单击"位置"选项左侧的 按钮，如图 11-114 所示，在 63F 的位置记录关键帧。将时间滑块放置在 110F 的位置。在"属性"面板中设置"位置"为 83%，单击"位置"选项左侧的 按钮，如图 11-115 所示。在 110F 的位置记录关键帧，如图 11-116 所示。

图 11-114

图 11-115

图 11-116

（21）在"对象"面板中用鼠标右键单击蚂蚁.5 对象，在弹出的快捷菜单中选择"动画标签 >
对齐曲线"命令。选中样条.4 对象，将其拖曳到"属性"面板的"曲线路径"下拉列表框中。

（22）将时间滑块放置在 58F 的位置。在"属性"面板中设置"位置"为 0%，单击"位置"选
项左侧的 ◉ 按钮，如图 11-117 所示，在 58F 的位置记录关键帧。将时间滑块放置在 102F 的位置。
在"属性"面板中设置"位置"为 73%，单击"位置"选项左侧的 ◉ 按钮，如图 11-118 所示。在
102F 的位置记录关键帧，如图 11-119 所示。

图 11-117

图 11-118

图 11-119

（23）在"对象"面板中用鼠标右键单击蚂蚁.6 对象，在弹出的快捷菜单中选择"动画标签 >
对齐曲线"命令。选中样条.5 对象，将其拖曳到"属性"面板的"曲线路径"下拉列表框中。

（24）将时间滑块放置在 37F 的位置。在"属性"面板中设置"位置"为 0%，单击"位置"选
项左侧的 ◉ 按钮，如图 11-120 所示，在 37F 的位置记录关键帧。将时间滑块放置在 102F 的位置。
在"属性"面板中设置"位置"为 78%，单击"位置"选项左侧的 ◉ 按钮，如图 11-121 所示。在
102F 的位置记录关键帧，如图 11-122 所示。

图 11-120   图 11-121

图 11-122

（25）在"对象"面板中用鼠标右键单击蚂蚁.7 对象，在弹出的快捷菜单中选择"动画标签 > 对齐曲线"命令。选中样条.6 对象，将其拖曳到"属性"面板的"曲线路径"下拉列表框中。

（26）将时间滑块放置在 0F 的位置。在"属性"面板中设置"位置"为 0%，单击"位置"选项左侧的◎按钮，如图 11-123 所示，在 0F 的位置记录关键帧。将时间滑块放置在 43F 的位置。在"属性"面板中设置"位置"为 80%，单击"位置"选项左侧的◎按钮，如图 11-124 所示。在 43F 的位置记录关键帧，如图 11-125 所示。

图 11-123   图 11-124

图 11-125

（27）选择"窗口 > 时间线窗口(函数曲线)"命令，在弹出的"时间线窗口(函数曲线)"对话框中使用框选的方法，全选左侧所有的对齐曲线，按 Ctrl+A 组合键全选控制点，如图 11-126 所示。单击"零长度(相切)"按钮 ，效果如图 11-127 所示。单击"关闭"按钮关闭对话框。

（28）按 F1 键，切换到透视视图。将时间滑块放置在 0F 的位置，单击"向前播放"按钮 预览动画效果。在"对象"面板中，折叠"蚂蚁搬运动画"对象组。按住 Shift 键选中所有样条对象，按 Alt+G 组合键将其编组并重命名为"样条线"，并将其拖曳到摄像机对象的下方，如图 11-128 所示。

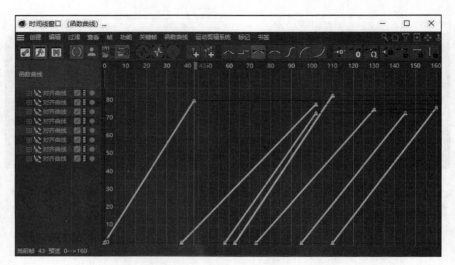

图 11-126

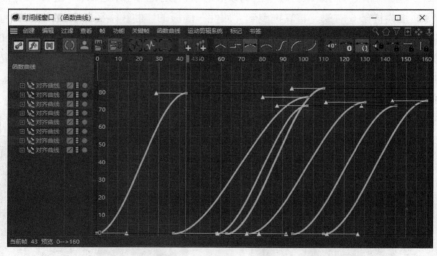

图 11-127

图 11-128

（29）单击"编辑渲染设置"按钮 ，在弹出的"渲染设置"对话框中设置"渲染器"为"物理"，"帧范围"为全部帧，如图 11-129 所示。

（30）在"渲染设置"对话框左侧列表中勾选"保存"复选框，在右侧区域设置"格式"为 MP4，如图 11-130 所示。单击"效果"按钮，在弹出的列表中选择"全局光照"选项，在"渲染设置"对话框左侧列表中添加"全局光照"复选框，在右侧区域设置"预设"为"内部-高(小光源)"，如图 11-131 所示。

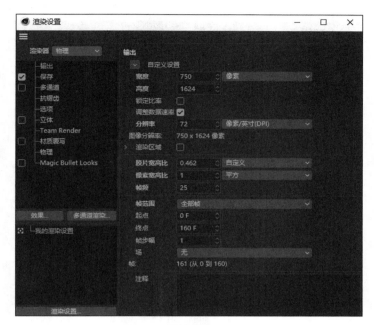

图 11-129

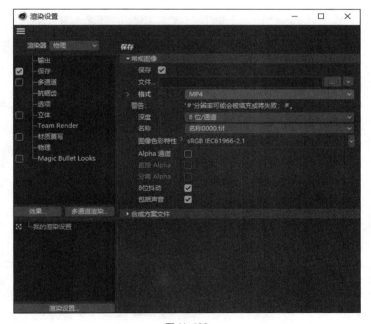

图 11-130

（31）单击"效果"按钮，在弹出的列表中选择"环境吸收"选项，在"渲染设置"对话框左侧列表中添加"环境吸收"复选框，如图 11-132 所示。单击"关闭"按钮关闭对话框。

图 11-131

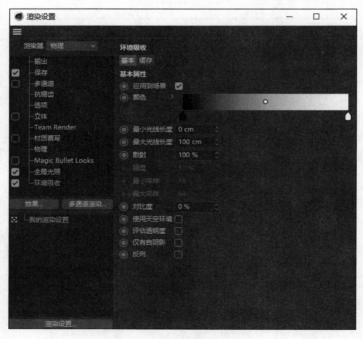

图 11-132

（32）单击"渲染到图像查看器"按钮 ，弹出"图像查看器"对话框，如图 11-133 所示。渲染完成后，单击对话框中的"将图像另存为"按钮 ，弹出"保存"对话框，如图 11-134 所示。单击"确定"按钮，在弹出的"保存对话"对话框中选择要保存文件的位置，在"文件名"文本框中输入名称，设置完成后，单击"保存"按钮保存图像。蚂蚁搬运动画制作完成。

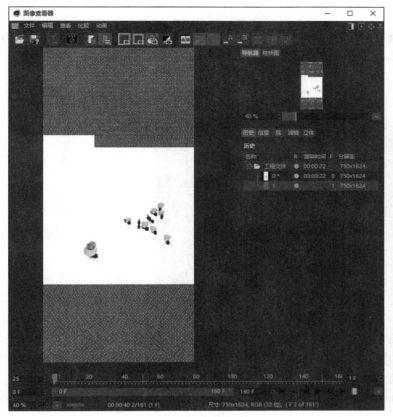

图 11-133 图 11-134

11.2.2 摄像机类型

Cinema 4D 中预置了 6 种类型的摄像机，分别是摄像机、目标摄像机、立体摄像机、运动摄像机、摄像机变换、摇臂摄像机。

长按"工具栏"中的"摄像机"工具 ，弹出摄像机列表，如图 11-135 所示。在摄像机列表中单击需要创建的摄像机的图标，即可在视图窗口中创建相应的摄像机。在"对象"面板中单击 按钮，即可进入摄像机视图，如图 11-136 所示。

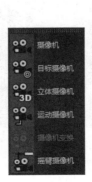

图 11-135

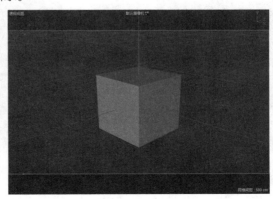

图 11-136

1．摄像机

"摄像机"  是最常用的摄像机之一。在 Cinema 4D 中，只需要在场景中调整合适的视角，单击工具栏中的"摄像机"工具 ，即可完成该类型摄像机的创建。在场景中创建"摄像机"对象后，"属性"面板中会显示该"摄像机"对象的属性，如图 11-137 所示。

图 11-137

2．目标摄像机

"目标摄像机" 同样是常用的摄像机，其创建方法与"摄像机" 的创建方法相同。与"摄像机" 相比，"目标摄像机" 的"属性"面板中增加了"目标"选项卡，如图 11-138 所示。其主要功能为连接目标对象，移动目标对象的位置，摄像机的位置也会移动。

在 Cinema 4D 中选中目标对象，在"属性"面板中选择"对象"选项卡，勾选"使用目标对象"复选框，即可将目标对象与目标摄像机连接，如图 11-139 所示。

图 11-138

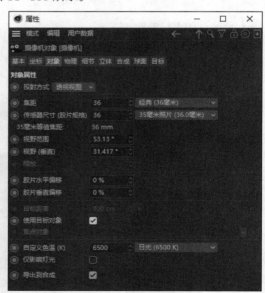

图 11-139

3．立体摄像机

"立体摄像机" 通常用来制作立体效果，其"属性"面板如图 11-140 所示。

4. 运动摄像机

"运动摄像机"  通常用来模拟手持摄像机，它能够表现出镜头晃动的效果，其"属性"面板如图 11-141 所示。

图 11-140

图 11-141

5. 摇臂摄像机

"摇臂摄像机" 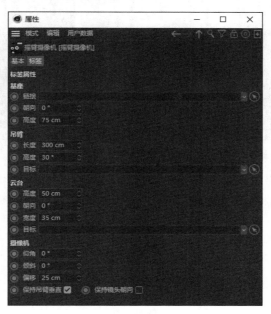 通常用来模拟现实生活中摇臂式摄像机的平移运动，用它可以在场景的上方进行垂直和水平的拍摄，其"属性"面板如图 11-142 所示。

图 11-142

11.2.3　课堂案例——制作饮料瓶运动模糊效果

【案例学习目标】使用"时间线"面板中的工具制作饮料瓶运动模糊效果。

【案例知识要点】使用"时间线"面板设置动画时长，使用"摄像机"工具  控制视图的显示效果，使用"记录活动对象"按钮记录关键帧，使用"坐标"面板调整饮料瓶位置，使用"时间线窗口(函数曲线)"命令和"时间线窗口(摄影表)"命令制作动画效果，使用"编辑渲染设置"按钮设置运动模糊效果，使用"渲染到图像查看器"按钮渲染动画效果。最终效果如图 11-143 所示。

图 11-143

制作饮料瓶运动
模糊效果

【效果所在位置】云盘\Ch11\制作饮料瓶运动模糊效果\工程文件.c4d。

（1）启动 Cinema 4D S24。单击 "编辑渲染设置"按钮 ⚙，弹出"渲染设置"对话框。在"输出"选项组中设置"宽度"为 750 像素，"高度"为 1106 像素，"帧频"为 25，如图 11-144 所示，单击"关闭"按钮关闭对话框。在"属性"面板的"工程设置"选项卡中设置"帧率"为 25，如图 11-145 所示。

图 11-144

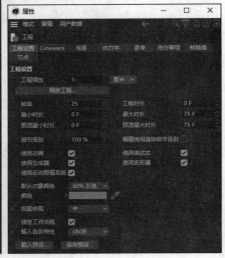

图 11-145

（2）选择"文件 > 合并项目"命令，在弹出的"打开文件"对话框中选择云盘中的"Ch11\制作饮料瓶运动模糊效果\素材\01"文件，单击"打开"按钮打开文件，如图 11-146 所示。

图 11-146

（3）选择"摄像机"工具 ▣，在"对象"面板中生成一个摄像机对象，如图 11-147 所示。单击摄像机对象右侧的 ▣ 按钮，如图 11-148 所示，进入摄像机视图。

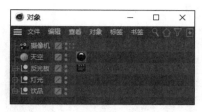

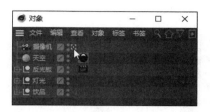

图 11-147   图 11-148

（4）在"属性"面板的"对象"选项卡中设置"焦距"为"电视(135 毫米)"，如图 11-149 所示。在"坐标"面板的"位置"选项组中设置"X"为 14cm，"Y"为 89cm，"Z"为 2778cm。在"旋转"选项组中设置"H"为-180.3°，"P"为-2.2°，"B"为 0°，如图 11-150 所示。

图 11-149   图 11-150

（5）在"对象"面板中将摄像机对象拖曳到灯光对象的下方，如图 11-151 所示。在摄像机对象上单击鼠标右键，在弹出的快捷菜单中选择"装配标签 > 保护"命令，效果如图 11-152 所示。

图 11-151   图 11-152

（6）在"时间线"面板中将场景结束帧设置为 140F，按 Enter 键确定操作，如图 11-153 所示。

图 11-153

（7）在"对象"面板中选中"饮品"对象组，如图 11-154 所示。在"坐标"面板的"位置"选项组中设置"X"为-206.3cm，"Y"为-27.7cm，"Z"为 111.7cm，如图 11-155 所示，单击"应用"按钮。在"时间线"面板中单击"记录活动对象"按钮 ，在 0F 的位置记录关键帧。

图 11-154

图 11-155

（8）将时间滑块放置在 25F 的位置。在"坐标"面板的"位置"选项组中设置"X"为-206.3cm，"Y"为-67.7cm，"Z"为 111.7cm，如图 11-156 所示，单击"应用"按钮。在"时间线"面板中单击"记录活动对象"按钮 ，在 25F 的位置记录关键帧。

（9）将时间滑块放置在 30F 的位置。在"坐标"面板的"位置"选项组中设置"X"为-206.3cm，"Y"为-72.7cm，"Z"为 111.7cm，如图 11-157 所示，单击"应用"按钮。在"时间线"面板中单击"记录活动对象"按钮 ，在 30F 的位置记录关键帧。

图 11-156

图 11-157

（10）将时间滑块放置在 60F 的位置。在"坐标"面板的"位置"选项组中设置"X"为-206.3cm，"Y"为-12.7cm，"Z"为 111.7cm，如图 11-158 所示，单击"应用"按钮。在"时间线"面板中单击"记录活动对象"按钮 ，在 60F 的位置记录关键帧。

图 11-158

（11）选择"窗口 > 时间线窗口（函数曲线）"命令，弹出"时间线窗口(函数曲线)"对话框，按 Ctrl+A 组合键全选控制点，如图 11-159 所示。

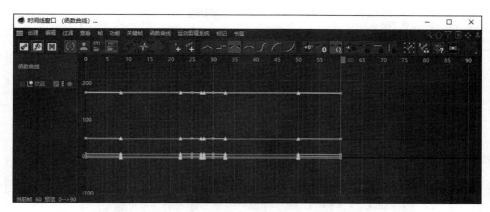

图 11-159

（12）单击"零长度(相切)"按钮 ，效果如图 11-160 所示。单击"关闭"按钮关闭对话框。

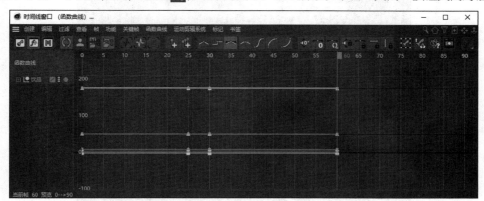

图 11-160

（13）选择"窗口 > 时间线窗口(摄影表)"命令，弹出"时间线窗口(摄影表)"对话框，按 Ctrl+A 组合键全选控制点，如图 11-161 所示。选择"关键帧 > 循环选取"命令，弹出"循环"对话框，设置"副本"为 10，如图 11-162 所示。单击"确定"按钮，返回"时间线窗口(摄影表)"对话框。单击"关闭"按钮关闭对话框。

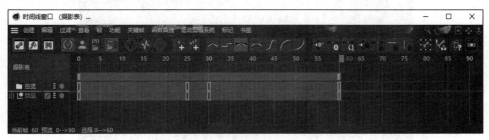

图 11-161

（14）单击"编辑渲染设置"按钮 ，在弹出的"渲染设置"对话框中，设置"渲染器"为"物理"，"帧频"为 25，"帧范围"为全部帧，如图 11-163 所示。在"渲染设置"对话框左侧列表中勾选"物理"复选框，在右侧区域勾选"运动模糊"复选框，如图 11-164 所示。

图 11-162

图 11-163

图 11-164

（15）在"渲染设置"对话框左侧列表中勾选"保存"复选框，在右侧区域设置"格式"为 MP4，如图 11-165 所示。单击"效果"按钮，在弹出的列表中选择"环境吸收"选项，在"渲染设置"对话框左侧列表中添加"环境吸收"选项，如图 11-166 所示。

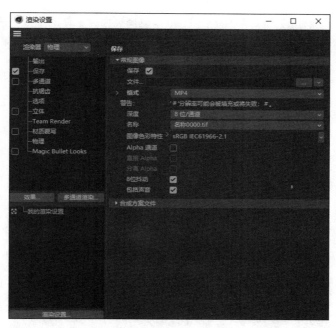

图 11-165

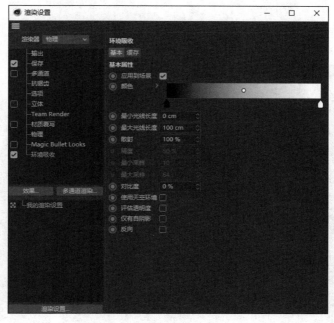

图 11-166

（16）单击"效果"按钮，在弹出的列表中选择"全局光照"复选框，在"渲染设置"对话框左侧列表中添加"全局光照"复选框，在右侧区域设置"预设"为"内部-高(小光源)"，如图 11-167 所示。单击"关闭"按钮，关闭对话框。

（17）单击"渲染到图像查看器"按钮，弹出"图像查看器"对话框，如图 11-168 所示。渲染完成后，单击对话框中的"将图像另存为"按钮，弹出"保存"对话框，如图 11-169 所示。

单击"确定"按钮，在弹出的"保存对话"对话框中选择要保存文件的位置，并在"文件名"文本框中输入名称，设置完成后，单击"保存"按钮保存图像。饮料瓶运动模糊效果制作完成。

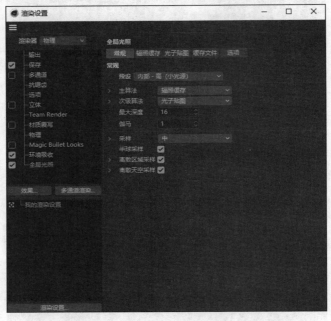

图 11-167

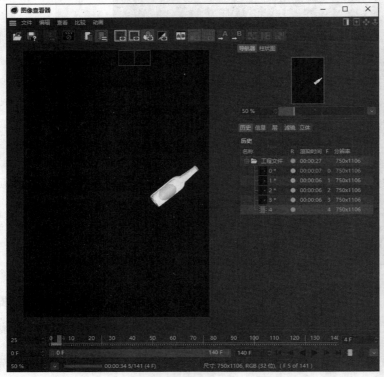

图 11-168

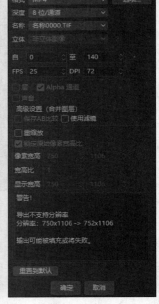

图 11-169

11.2.4　摄像机属性

1．基本

在场景中创建摄像机后，在"属性"面板中选择"基本"选项卡，如图 11-170 所示。该选项卡主要用于更改摄像机的名称、设置摄像机在编辑器和渲染器中是否可见、修改摄像机的显示颜色等。

2．坐标

在场景中创建摄像机后，在"属性"面板中选择"坐标"选项卡，如图 11-171 所示。该选项卡主要用于设置 P、S 和 R 在 x 轴、y 轴和 z 轴上的值。

图 11-170

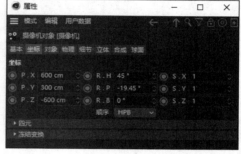

图 11-171

3．对象

在场景中创建摄像机后，在"属性"面板中选择"对象"选项卡，如图 11-172 所示。该选项卡主要用于设置摄像机的"投射方式""焦距""传感器尺寸(胶片规格)""视野范围"等。

图 11-172

4．物理

在场景中创建摄像机后，在"属性"面板中选择"物理"选项卡，如图 11-173 所示。该选项卡主要用于设置摄像机的"光圈(f/#)""曝光""快门速度(秒)""快门效率"等。

5. 细节

在场景中创建摄像机后，在"属性"面板中选择"细节"选项卡，如图 11-174 所示。该选项卡主要用于设置摄像机的"近端剪辑""显示视锥""景深映射–前景模糊""最深映射–背景模糊"等。

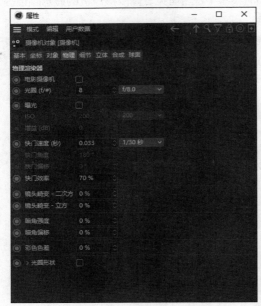

图 11-173

图 11-174

11.3 课堂练习——制作卡通闭眼动画

【练习知识要点】使用"时间线"面板设置动画时长，使用"样条画笔"工具 ![icon]、"柔性差值"命令、"样条布尔"命令和"挤压"命令制作闭眼动画效果，使用"坐标"面板调整位置，使用"记录活动对象"按钮记录关键帧，使用"时间线窗口(函数曲线)命令"和"时间线窗口(摄影表)"命令制作动画效果，使用"编辑渲染设置"按钮和"渲染到图像查看器"按钮渲染动画效果。最终效果如图 11-175 所示。

制作卡通闭眼
动画

图 11-175

【效果所在位置】云盘\Ch11\制作卡通闭眼动画\工程文件.c4d。

11.4 课后习题——制作美食动画

【习题知识要点】使用"时间线"面板设置动画时长，使用"记录活动对象"按钮记录关键帧，使用"坐标"面板调整食物位置，使用"时间线窗口(函数曲线)"命令和"时间线窗口(摄影表)命令"制作动画效果，使用"编辑渲染设置"按钮和"渲染到图像查看器"按钮渲染动画效果。最终效果如图 11-176 所示。

制作美食动画

图 11-176

【效果所在位置】云盘\Ch11\制作美食动画\工程文件.c4d。

12

第 12 章
Cinema 4D 综合设计实训

本章介绍

　　经过前面几章的深入学习与实操，本章将结合多个不同领域的商业案例，通过项目背景及要求、项目创意及制作步骤进一步详解 Cinema 4D 的强大功能和操作技巧。通过本章的学习，读者可以掌握商业案例的设计理念和 Cinema 4D 的技术要点，并能设计制作出具有专业水平的作品。

学习目标

知识目标	能力目标	素质目标
1. 理解商业案例的项目背景及要求 2. 掌握商业案例的制作要点	1. 掌握文化传媒海报的制作方法 2. 掌握家电类 Banner 的制作方法 3. 掌握销售详情页的制作方法 4. 掌握闪屏页的制作方法 5. 掌握旅游出行引导页的制作方法 6. 掌握室内环境效果图的制作方法 7. 掌握室外环境效果图的制作方法 8. 掌握游戏操作页面的制作方法	1. 培养工作协调能力 2. 培养责任心和团队精神

12.1 制作文化传媒海报

制作文化传媒海报 1　制作文化传媒海报 2　制作文化传媒海报 3　制作文化传媒海报 4

制作文化传媒海报 5　制作文化传媒海报 6　制作文化传媒海报 7

12.1.1 项目背景及要求

1. 客户名称

XJG 文化创意有限公司。

2. 客户需求

XJG 文化创意有限公司是一家集营销创意策划、创意设计、活动执行于一体的综合性公司。公司目前要为即将举行的第十四届国际艺术交流展设计一款宣传海报，要求画面美观、大方，充分体现活动主题。

3. 设计要求

（1）设计风格要求生动、活泼，具有艺术性。

（2）以线条和几何形状为装饰元素，合理搭配。

（3）画面丰富，切合展览的特性。

（4）使用直观、醒目的文字突出活动主题及活动信息。

（5）设计规格为 50 厘米（宽）×35 厘米（高），分辨率为 300 像素/英寸。

12.1.2 项目创意及制作

1. 素材资源

模型素材所在位置：云盘中的"Ch12\制作文化传媒海报\素材\01"。

2. 作品参考

参考效果所在位置：云盘中的"Ch12\制作文化传媒海报\工程文件.c4d"。参考效果如图 12-1 所示。

图 12-1

3. 制作要点

使用多种参数化对象、生成器及多边形建模工具建立模型，使用"摄像机"工具 控制视图的显示效果，使用"区域光"工具 制作灯光效果，使用"材质"面板创建材质并设置材质参数，使用"物理天空"工具 创建环境效果，使用"编辑渲染设置"按钮和"渲染到图像查看器"按钮渲染图像。

12.2　制作家电类 Banner

制作家电类　制作家电类　制作家电类　制作家电类
Banner 1　　Banner 2　　Banner 3　　Banner 4

制作家电类　制作家电类　制作家电类　制作家电类
Banner 5　　Banner 6　　Banner 7　　Banner 8

12.2.1　项目背景及要求

1．客户名称

海森家电专卖店。

2．客户需求

海森家电专卖店是一家主营智能家电的网店，其经营范围涵盖各类中小型家电。该网站近期推出了一款电吹风，需要为其制作一个全新的首页 Banner，要求起到宣传该产品的作用，向客户传递安全和舒适的使用感受。

3．设计要求

（1）设计风格要求简洁、大方，给人时尚的感觉。

（2）以产品图片为主体，能给客户带来直观感受，突出宣传主题。

（3）画面色彩清新、干净，与宣传的产品相呼应。

（4）使用直观、醒目的文字来诠释产品的特性。

（5）设计规格为 1920 像素（宽）×900 像素（高），分辨率为 72 像素/英寸。

12.2.2　项目创意及制作

1．作品参考

参考效果所在位置：云盘中的"Ch12\制作家电电商 Banner\工程文件.c4d"。参考效果如图 12-2 所示。

图 12-2

2．制作要点

使用多种参数化对象、生成器及多边形建模工具建立模型，使用"摄像机"工具 控制视图的显示效果，使用"区域光"工具 制作灯光效果，使用"材质"面板创建材质并设置材质参数，使用"物理天空"工具 创建环境效果，使用"编辑渲染设置"按钮和"渲染到图像查看器"按钮渲染图像。

12.3　制作销售详情页

制作销售详情页 1　制作销售详情页 2　制作销售详情页 3

12.3.1　项目背景及要求

制作销售详情页 4　制作销售详情页 5　制作销售详情页 6

1. 客户名称

保丽洁官方旗舰店。

2. 客户需求

保丽洁官方旗舰店是一家集智能家居研发、制作及销售于一体的网店。该网店近期推出了一款新品电动牙刷，需要为其设计并制作销售详情页，要求画面清新、舒适，充分体现产品的特点。

3. 设计要求

（1）详情页主体色调以蓝色为主，给人干净、清爽的感受。

（2）产品位于版面中心位置，以凸显主体。

（3）搭配水泡元素进行装饰，营造氛围感。

（4）主标题与产品特点呼应，和谐统一。

（5）设计规格为 790 像素（宽）×2000 像素（高），分辨率为 72 像素/英寸。

12.3.2　项目创意及制作

1. 素材资源

模型素材所在位置：云盘中的"Ch12\制作销售详情页\素材\01"。

贴图素材所在位置：云盘中的"Ch12\制作销售详情页\tex\01～02"。

2. 作品参考

参考效果所在位置：云盘中的"Ch12\制作家用电商详情页\工程文件.c4d"。参考效果如图 12-3
所示。

图 12-3

3．制作要点

使用多种参数化对象、生成器及多边形建模工具建立模型，使用毛发对象添加牙刷毛，使用"摄像机"工具![](控制视图的显示效果，使用"无限光"工具![](和"区域光"工具![](制作灯光效果，使用"材质"面板创建材质并设置材质参数，使用"天空"工具![](创建环境效果，使用"编辑渲染设置"按钮和"渲染到图像查看器"按钮渲染图像。

12.4 制作闪屏页

制作闪屏页1　　制作闪屏页2　　制作闪屏页3　　制作闪屏页4

12.4.1 项目背景及要求

1．客户名称

中悦云互联网科技有限公司。

制作闪屏页5　　制作闪屏页6　　制作闪屏页7

2．客户需求

中悦云互联网科技有限公司是一家主营软件设计与开发、游戏开发、网站设计与开发、网页制作及电子商务等业务的互联网公司。在儿童节即将到来之际，该公司需要为现有的一款 App 设计与节日有关的闪屏页，要求画面活泼、可爱，具有节日氛围。

3．设计要求

（1）使用简洁的纯色背景，以突出主题。

（2）以卡通形象为画面主体，使画面生动、有活力。

（3）风格美观、大方，符合节日特征。

（4）使用直观醒目的标题文字。

（5）设计规格为 750 像素（宽）×1624 像素（高），分辨率为 72 像素/英寸。

12.4.2 项目创意及制作

1．作品参考

参考效果所在位置：云盘中的"Ch12\制作闪屏页\工程文件.c4d"。参考效果如图 12-4 所示。

图 12-4

2. 制作要点

使用多种参数化对象、生成器及多边形建模工具建立模型，使用"摄像机"工具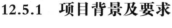控制视图的显示效果，使用"区域光"工具█制作灯光效果，使用"材质"面板创建材质并设置材质参数，使用"物理天空"工具🌐创建环境效果，使用"编辑渲染设置"按钮和"渲染到图像查看器"按钮渲染图像。

12.5 制作旅游出行引导页

制作旅游出行　制作旅游出行　制作旅游出行　制作旅游出行
引导页 1　　　引导页 2　　　引导页 3　　　引导页 4

制作旅游出行　制作旅游出行　制作旅游出行
引导页 5　　　引导页 6　　　引导页 7

12.5.1 项目背景及要求

1. 客户名称

飞鸟旅行社。

2. 客户需求

飞鸟旅行社是一家主营城市周边农家乐的休闲旅游公司。近日，该公司在 App 中新增了出行日历提醒的功能，需要为该功能设计引导页，帮助用户快速了解新功能，要求画面生动、形象，充分体现该功能的特点。

3. 设计要求

（1）设计风格要求轻松、明快，符合行业特征。

（2）凸显主体人物形象和新增功能。

（3）背景简洁、明了，使用渐变色调搭配几何形状进行点缀。

（4）标题文字简洁明了，清晰易读。

（5）设计规格为 750 像素（宽）×1624 像素（高），分辨率为 72 像素/英寸。

12.5.2 项目创意及制作

1. 素材资源

模型素材所在位置：云盘中的"Ch12\制作旅游出行引导页\素材\01"。

2. 作品参考

参考效果所在位置：云盘中的"Ch12\制作旅游出行引导页\工程文件.c4d"。参考效果如图 12-5 所示。

3. 制作要点

使用多种参数化对象、生成器及多边形建模工具建立模型，使用毛发对象添加人物头发，使用"摄像机"工具██控制视图的显示效果，使用"区域光"工具█制作灯光效果，使用"材质"面板创建材质并设置材质参数，使用"物理天空"工具🌐创建环境效果，使用"编辑渲染设置"按钮和"渲染到图像查看器"按钮渲染图像。

图 12-5

12.6　制作室内环境效果图

制作室内环境效果图 1　制作室内环境效果图 2　制作室内环境效果图 3　制作室内环境效果图 4

12.6.1　项目背景及要求

制作室内环境效果图 5　制作室内环境效果图 6　制作室内环境效果图 7　制作室内环境效果图 8　制作室内环境效果图 9

1．客户名称

迪徽室内设计有限公司。

2．客户需求

迪徽室内设计有限公司是一家小型创意设计公司，该公司专注于中小型房屋的室内设计，并能够有效控制装修成本，确保项目顺利实施。该公司现需要为客户设计一张客厅装修效果图，要求整体效果温馨、舒适。

3．设计要求

（1）使用暖色系背景，画面和谐、统一。

（2）家具使用柔和、温暖的色彩，能够给客户带去家的感受。

（3）设计要求富有创意，体现出温馨的感觉。

（4）整体布局和装饰物运用合理，体现出幸福和舒适的感觉。

（5）设计规格为 1400 像素（宽）×1064 像素（高），分辨率为 72 像素/英寸。

12.6.2　项目创意及制作

1．素材资源

模型素材所在位置：云盘中的"Ch12\制作室内环境效果\素材\01"。

贴图素材所在位置：云盘中的"Ch12\制作室内环境效果\tex\01～27"。

2．作品参考

参考效果所在位置：云盘中的"Ch12\制作室内环境效果\工程文件.c4d"。参考效果如图 12-6 所示。

图 12-6

3．制作要点

使用多种参数化对象、生成器及多边形建模工具建立模型，使用"摄像机"工具 控制视图的显示效果，使用"区域光"工具 制作灯光效果，使用"材质"面板创建材质并设置材质参数，使用"物理天空"工具 创建环境效果，使用"编辑渲染设置"按钮和"渲染到图像查看器"按钮渲染图像。

制作室外环境
效果图 1

制作室外环境
效果图 2

制作室外环境
效果图 3

制作室外环境
效果图 4

制作室外环境效
果图 5

制作室外环境
效果图 6

12.7 制作室外环境效果图

12.7.1 项目背景及要求

1. 客户名称

安尤建筑设计有限公司。

2. 客户需求

安尤建筑设计有限公司是一家集建筑工程设计、景观设计、室内外装修设计和智能设计等业务于一体的大型建筑设计公司。该公司现需要为旅游度假村的客户设计一张室外环境效果图，要求设施表现完备，兼具美观性与实用性。

3. 设计要求

（1）色彩搭配清新、明快。

（2）画面能够表现出度假村的地理位置在雪山附近。

（3）体现出泳池、矮楼、观景台等重要设施。

（4）整体布局搭配合理，体现出舒适的感觉。

（5）设计规格为 1138 像素（宽）×1400 像素（高），分辨率为 72 像素/英寸。

12.7.2 项目创意及制作

1. 素材资源

贴图素材所在位置：云盘中的"Ch12\制作室外环境效果\tex\01"。

2. 作品参考

参考效果所在位置：云盘中的"Ch12\制作室外环境效果\工程文件.c4d"。参考效果如图 12-7 所示。

图 12-7

3. 制作要点

使用多种参数化对象、生成器及多边形建模工具建立模型，使用"摄像机"工具 控制视图的显示效果，使用"区域光"工具█制作灯光效果，使用"材质"面板创建材质并设置材质参数，使用"物理天空"工具█创建环境效果，使用"编辑渲染设置"按钮和"渲染到图像查看器"按钮渲染图像。

制作游戏操作　　制作游戏操作　　制作游戏操作　　制作游戏操作
页面1　　　　　页面2　　　　　页面3　　　　　页面4

12.8　制作游戏操作页面

制作游戏操作　　制作游戏操作　　制作游戏操作
页面5　　　　　页面6　　　　　页面7

12.8.1　项目背景及要求

1．客户名称

畅乐网络游戏设计公司。

2．客户需求

畅乐网络游戏设计公司是一家主营 IP 设计和游戏设计的公司，受众多为年轻人。近期该公司新研发了一款益智类游戏 App，为吸引玩家，需要设计一款游戏操作界面，要求生动、活泼，交互性强。

3．设计要求

（1）使用简洁、明了的布局，便于用户操作。

（2）采用甜甜圈和蚂蚁的卡通形象，生动、自然。

（3）设计要求富有创意，能够吸引人。

（4）颜色搭配和谐、统一，符合年轻人的喜好。

（5）设计规格为 750 像素（宽）×1624 像素（高），分辨率为 72 像素/英寸。

12.8.2　项目创意及制作

1．素材资源

模型素材所在位置：云盘中的"Ch12\制作游戏操作页面\素材\01.c4d"。

贴图素材所在位置：云盘中的"Ch12\制作游戏操作页面\tex\01"。

2．作品参考

参考效果所在位置：云盘中的"Ch12\制作游戏操作页面\工程文件.c4d"。参考效果如图 12-8 所示。

图 12-8

3．制作要点

使用多种参数化对象、生成器及多边形建模工具建立模型，使用"摄像机"工具 控制视图的显示效果，使用"区域光"工具 制作灯光效果，使用"材质"面板创建材质并设置材质参数，使用"天空"工具 创建环境效果，使用"编辑渲染设置"按钮和"渲染到图像查看器"按钮渲染图像。

12.9　课堂练习——制作家居装修海报

制作家居装修　制作家居装修
海报 1　　　海报 2

12.9.1　项目背景及要求

1．客户名称

Easy Life 家居有限公司。

2．客户需求

制作家居装修　制作家居装修　制作家居装修　制作家居装修
海报 3　　　海报 4　　　海报 5　　　海报 6

Easy Life 家居有限公司主要经营范围为实木家具、整体橱柜和卫浴等一系列产品，除此之外还提供家具定制服务。该公司现阶段需要为即将到来的中秋节和国庆节举办促销活动，因此要设计一款海报，要求以生动活泼的卡通形象为主体，表现节日氛围。

制作家居装修　制作家居装修
海报 7　　　海报 8

3．设计要求

（1）背景为室内场景，需要营造轻松、自然的氛围。

（2）主体卡通形象可爱、生动，让人印象深刻。

（3）标题文字及活动信息简洁明了，搭配合理。

（4）色彩简洁、亮丽，增加画面的活泼感。

（5）设计规格为 1242 像素（宽）×2208 像素（高），分辨率为 72 像素/英寸。

12.9.2　项目创意及制作

1．素材资源

模型素材所在位置：云盘中的"Ch12\制作家居装修海报\素材\01\02"。

贴图素材所在位置：云盘中的"Ch12\制作家居装修海报\tex\01～03"。

2．制作提示

先制作场景模型、小熊模型及合并模型，然后添加灯光，再添加材质，最后渲染输出，参考效果如图 12-9 所示。

3．制作要点

使用多种参数化对象、生成器及多边形建模工具建立模型，使用"摄像机"工具 控制视图的显示效果，使用"区域光"工具 制作灯光效果，使用"材质"面板创建材质并设置材质参数，使用"天空"工具 创建环境效果，使用"编辑渲染设置"按钮和"渲染到图像查看器"按钮渲染图像。

图 12-9

12.10 课堂练习——制作电商主图动画

制作电商主图　制作电商主图
动画 1　　　　动画 2

12.10.1 项目背景及要求

1. 客户名称

美加宝美妆有限公司。

2. 客户需求

制作电商主图　制作电商主图　制作电商主图　制作电商主图
动画 3　　　　动画 4　　　　动画 5　　　　动画 6

美加宝美妆有限公司主营保湿水、乳液、精华液、洗面奶等多种护肤产品的生产和销售。该公司现需要为即将到来的劳动节促销活动设计一张主图动画，要求以护肤产品为设计主体，烘托节日氛围。

3. 设计要求

制作电商主图　制作电商主图　制作电商主图
动画 7　　　　动画 8　　　　动画 9

（1）背景使用暖色调，营造节日的氛围。

（2）色彩和谐、统一，突出主体商品。

（3）标题文字及活动信息简洁明了，搭配合理。

（4）装饰物分布均匀，增加画面的活泼感。

（5）设计规格为 800 像素（宽）×800 像素（高），分辨率为 72 像素/英寸。

12.10.2 项目创意及制作

1. 素材资源

模型素材所在位置：云盘中的"Ch12\制作电商主图动画\素材\01"。

2. 制作提示

先制作场景模型、礼物盒模型、气球模型、面霜模型及合并模型，然后添加灯光和材质，再制作动画效果，最后渲染输出，参考效果如图 12-10 所示。

图 12-10

3. 制作要点

使用多种参数化对象、生成器及多边形建模工具建立模型，使用"摄像机"工具 控制视图的显示效果，使用"区域光"工具 制作灯光效果，使用"材质"面板创建材质并设置材质参数，使用"物理天空"工具 创建环境效果，使用模拟标签制作动画效果，使用"编辑渲染设置"按钮和"渲染到图像查看器"按钮渲染图像和动画效果。

12.11　课后习题——制作电子产品海报

制作电子产品
海报 1　　制作电子产品
海报 2

12.11.1　项目背景及要求

制作电子产品
海报 3　制作电子产品
海报 4　制作电子产品
海报 5　制作电子产品
海报 6　制作电子产品
海报 7

1．客户名称

摩卡智能耳机旗舰店。

2．客户需求

摩卡智能耳机旗舰店是一家主营智能耳机的网店，经营范围包括有线耳机、无线耳机、头戴式耳机等多种耳机。该网店近期推出一款无线蓝牙耳机，因此需要为其制作一张全新的宣传海报，要求起到宣传新产品的作用，凸显产品特性。

3．设计要求

（1）设计风格要求简洁、大方，给人时尚、现代的感觉。

（2）以产品图片为主体，给客户带来直观感受，突出宣传的主体。

（3）画面色彩动感、时尚，符合年轻人的喜好。

（4）装饰元素与产品有机结合，相互呼应。

（5）设计规格为 1242 像素（宽）×2208 像素（高），分辨率为 72 像素/英寸。

12.11.2　项目创意及制作

1．素材资源

模型素材所在位置：云盘中的"Ch12\制作电子产品海报\素材\01"。

贴图素材所在位置：云盘中的"Ch12\制作电子产品海报\tex\01～06"

2．制作提示

先制作场景模型、耳机模型、节奏线模型及合并模型，然后添加灯光，再添加材质，最后渲染输出，参考效果如图 12-11 所示。

图 12-11

3．制作要点

使用多种参数化对象、生成器及多边形建模工具建立模型，使用"摄像机"工具控制视图的显示效果，使用"区域光"工具和"聚光灯"工具制作灯光效果，使用"材质"面板创建材质并设置材质参数，使用"天空"工具创建环境效果，使用"编辑渲染设置"按钮和"渲染到图像查看器"按钮渲染图像。

制作 UI 活动页 制作 UI 活动页
动画 1   动画 2-1

12.12 课后习题——制作 UI 活动页动画

12.12.1 项目背景及要求

1. 客户名称

多多特卖零食商城。

制作 UI 活动页 制作 UI 活动页 制作 UI 活动页 制作 UI 活动页
动画 2-2   动画 3   动画 4   动画 5

2. 客户需求

多多特卖零食商城是一家经营多种糖果、膨化食品及饮料的网店。该网店近期为回馈客户，将举行一场"美食狂欢节"活动，现需要为活动页面制作动画效果，要求整体画面起到宣传活动内容、体现活动力度的作用。

制作 UI 活动页 制作 UI 活动页 制作 UI 活动页 制作 UI 活动页
动画 6   动画 7   动画 8-1   动画 8-2

3. 设计要求

（1）设计风格要求活泼、有趣，吸引用户。

（2）将主营产品卡通化，给客户带来直观感受，突出活动主题。

（3）标题及促销文字醒目、突出，凸显活动力度。

制作 UI 活动页 制作 UI 活动页
动画 9-1   动画 9-2

（4）装饰元素与产品有机结合，相互呼应。

（5）设计规格为 750 像素（宽）×1106 像素（高），分辨率为 72 像素/英寸。

12.12.2 项目创意及制作

1. 素材资源

模型素材所在位置：云盘中的"Ch12\制作 UI 活动页动画\素材\01"。

贴图素材所在位置：云盘中的"Ch12\制作 UI 活动页动画\tex\01～06"

2. 制作提示

先制作场景模型、卡通模型、云彩模型、标题模型、饮品模型及合并模型，然后添加灯光和材质，再制作动画效果，最后渲染输出，参考效果如图 12-12 所示。

3. 制作要点

使用多种参数化对象、生成器及多边形建模工具建立模型，使用"摄像机"工具  控制视图的显示效果，使用"区域光"工具 制作灯光效果，使用"材质"面板创建材质并

图 12-12

设置材质参数，使用"天空"工具 创建环境效果，使用运动图形工具、效果器和"时间线"面板中的工具制作动画效果，使用"编辑渲染设置"按钮和"渲染到图像查看器"按钮渲染图像和动画效果。